ÉLÉMENTS

DE

COSMOGRAPHIE

Corbeil — Typ. et stér. de Crété.

ÉLÉMENTS

DE

COSMOGRAPHIE

A L'USAGE DES LYCÉES

ET

DES AUTRES ÉTABLISSEMENTS D'INSTRUCTION PUBLIQUE

PAR

J. F. BONNEL

ANCIEN ÉLÈVE DE L'ÉCOLE NORMALE SUPÉRIEURE,

AGRÉGÉ DE L'UNIVERSITÉ,

PROFESSEUR DE MATHÉMATIQUES AU LYCÉE IMPÉRIAL DE LYON.

TROISIÈME ÉDITION

Entièrement conforme aux derniers programmes officiels

PARIS

ANCIENNE MAISON DEZOBRY, E. MAGDELEINE ET Cⁱᵉ

CHARLES DELAGRAVE ET Cⁱᵉ, LIBRAIRES-ÉDITEURS

78, RUE DES ÉCOLES, 78

1866
1865

AVERTISSEMENT

L'auteur de ces *Eléments de Cosmographie* a suivi exactement, dans cette édition, la marche tracée par le programme officiel du dernier Plan d'études des lycées. Il a adopté, dans l'exposition des différentes propositions qui composent le cours de Cosmographie, la forme syllogistique usitée pour la démonstration des théorèmes de géométrie. Cette forme nouvelle, loin d'enlever au cours son caractère généralement descriptif, met au contraire ce caractère plus en relief, en ce sens que les définitions et les données purement expérimentales se trouvent toujours ainsi nettement séparées des résultats obtenus par voie de déduction. D'ailleurs on ne saurait contester que la vérité présentée sous forme de syllogisme saisit beaucoup plus vivement l'esprit des élèves. L'innovation que propose l'auteur se recommande donc d'elle-même à l'attention de MM. les professeurs, surtout au point de vue de la préparation aux examens.

LIVRE PREMIER

DES ÉTOILES

CHAPITRE PREMIER

Mouvement diurne des Étoiles.

DÉFINITION.

Sᴘʜèʀᴇ ᴄéʟᴇsᴛᴇ. — Si, pendant une belle nuit et dans un lieu bien découvert, on contemple le ciel attentivement, on y découvre un très-grand nombre d'astres. Presque tous les points brillants qu'on voit sont des *étoiles*.

Quelques-unes s'élèvent, d'autres s'abaissent ; le spectacle change à chaque instant. Malgré ces mouvements divers, on ne tarde pas à reconnaître que la position respective de toutes les étoiles reste la même, et, si l'on détermine plusieurs jours de suite l'angle formé par les rayons visuels qui vont de l'œil à deux étoiles, cet angle, qu'on nomme la *distance angulaire* des deux étoiles, conserve toujours la même valeur. Les étoiles paraissent comme fixées à la surface d'une sphère idéale dont le centre serait l'œil de l'observateur et qui reçoit le nom de *sphère céleste*.

PROPOSITION 1.

Tʜéᴏʀèᴍᴇ. — *Le rayon de la sphère céleste est immense.*
En effet, si l'on mesure en différents endroits de la terre la

distance angulaire des deux mêmes étoiles, on reconnaît que cette distance angulaire présente une valeur constante, quel que soit le lieu de l'observation ; cette distance angulaire devrait cependant augmenter ou diminuer à mesure qu'on se rapproche ou qu'on s'éloigne de ces astres sur la surface de la terre. Puisqu'il n'en est rien, c'est que les longueurs terrestres, quelque grandes qu'on les choisisse, sont complétement inappréciables quand on les compare à celles qui nous séparent des étoiles ; en d'autres termes, le rayon de la sphère céleste est immense.

CoROLLAIRE. — *La terre tout entière n'est qu'un simple point situé au centre de la sphère céleste.*

DÉFINITIONS.

HORIZON. — On appelle *horizon* d'un lieu le plan qui passe par l'œil d'un observateur placé à la surface de la terre et qui est perpendiculaire à la verticale de ce lieu ; ce plan coupe la sphère céleste suivant un grand cercle qui sépare la partie visible du ciel de la partie invisible.

La verticale d'un lieu perce la sphère céleste en deux points dont l'un est au-dessus et l'autre au-dessous de l'horizon ; ces points sont le *zénith* et le *nadir*.

PROPOSITION 2.

THÉORÈME. — *Les étoiles obéissent à un mouvement général qui les emporte d'orient en occident.*

Pour démontrer cette proposition, il suffit d'observer la même étoile plusieurs heures de suite sans le secours d'aucun instrument. Si l'observateur est tourné vers le sud, il voit cette étoile *se lever* à gauche sur l'horizon, monter dans le ciel de gauche à droite jusqu'à une certaine hauteur maximum, qu'on nomme sa *culmination*, puis descendre et *se coucher* à droite sous l'horizon. Si l'observateur est tourné vers le nord, il reconnaît le même mouvement en sens inverse dans la plupart des étoiles qu'il aperçoit ; cependant un certain nombre d'entre elles se déplacent de telle façon qu'elles restent perpétuellement visibles. Ces étoiles de *perpétuelle apparition* lui paraîtront s'élever dans le ciel de droite à gauche jusqu'à leur culmination, puis descendre à gauche, et, continuant leur marche descendante de gauche à droite jusqu'à une hauteur minimum, s'élever de nouveau vers le point de départ de l'observation, sans jamais atteindre l'horizon ; elles décrivent ainsi au-dessus de l'horizon des lignes courbes fermées, tandis que les autres ne décrivent qu'une partie de ces courbes.

C'est précisément cet ensemble de mouvements qu'on exprime en disant que les étoiles obéissent à un mouvement général qui les emporte d'orient en occident.

DÉFINITIONS.

Mouvement diurne. — Le mouvement général qui vient d'être constaté, est connu sous le nom de *mouvement diurne* des étoiles. Pour en déterminer les lois d'une manière complète, il est nécessaire d'avoir recours à un appareil particulier d'observation et de préciser certaines définitions.

Nous appellerons *vertical* d'une étoile le plan qui passe par cette étoile et par la verticale du lieu où se trouve l'observateur ; ce plan détermine sur la sphère céleste un grand cercle qui est nécessairement perpendiculaire au plan de l'horizon.

Hauteur et azimuth d'une étoile. — On désigne par *hauteur apparente* ou *hauteur* d'une étoile, l'angle que forme avec l'horizon le rayon visuel dirigé vers cet astre ; la mesure de cet angle est l'arc de vertical, moindre qu'un quadrant, qui se trouve compris entre l'astre et l'horizon. La hauteur d'une étoile est évidemment le complément de l'arc compris entre l'astre et le zénith, c'est-à-dire de la *distance zénithale* de cette étoile.

On entend par *azimuth* d'une étoile l'angle dièdre formé par le vertical de cette étoile avec un *premier vertical*, qui passe par un point convenu et déterminé de l'horizon ; ce point est dit l'*origine* des azimuths. Évidemment, l'azimuth d'une étoile a pour mesure l'arc d'horizon compris entre le vertical de l'étoile et le premier vertical.

La position d'une étoile, à un moment donné, est complétement déterminée sur la sphère céleste, quand on connaît son azimuth et sa hauteur au-dessus de l'horizon, car ces deux éléments suffisent pour qu'on puisse marquer sa place sur la sphère céleste.

PROPOSITION 3.

PROBLÈME. — *Mesurer la hauteur et l'azimuth d'une étoile.*

On emploie, pour résoudre cette question, un instrument nommé *théodolite* : le théodolite se compose essentiellement de deux cercles gradués, dont l'un CFD est horizontal et l'autre HGH' vertical. Les centres E et F (*fig.* 1) des deux cercles sont unis par une droite qui est aussi verticale, et autour de laquelle le cercle supérieur peut tourner pendant que le cercle inférieur reste fixe. Lorsque le cercle supérieur tourne autour de la droite EF, il entraîne, si on le veut, une aiguille placée en F au pied de l'appareil, et la force à parcourir successivement toutes les divisions du cercle horizontal. Enfin, une lunette AB peut se mouvoir autour du centre du cercle vertical, en décrivant avec son axe optique

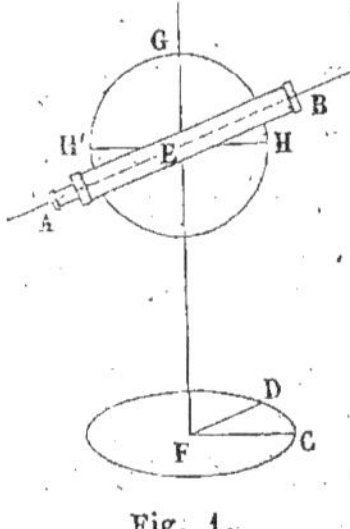

Fig. 1.

un plan parallèle à celui du cercle, ou être fixée dans toute position contre le plan du cercle.

Supposons maintenant qu'on ait installé un théodolite de manière à ce que l'aiguille horizontale soit dirigée sur le zéro des divisions et vers le point C de l'horizon qu'on est convenu de prendre pour origine des azimuths. Si l'on fait tourner le cercle supérieur avec l'aiguille, autour de l'axe EF, jusqu'à ce qu'il vienne coïncider avec le vertical de l'étoile, et si, fixant alors le cercle mobile, on dirige la lunette AB vers l'étoile, l'angle CFD dont aura tourné l'aiguille donnera l'azimuth, et l'angle BEH de la lunette avec l'horizontale du cercle fera connaître la hauteur de l'étoile.

Remarque. — Il faudra toutefois corriger le nombre exprimant la hauteur qu'on a observée de l'erreur due à la réfraction atmosphérique; cette correction se trouve indiquée, pour chaque hauteur qu'on observe, dans les tables de la *Connaissance des temps*. La réfraction atmosphérique affecte aussi d'une erreur tous les nombres qui expriment les distances zénithales observées, mais elle n'altère pas les valeurs qu'on obtient pour les azimuths : nous supposerons, dans la suite, que les hauteurs et les distances zénithales, dont il est question, sont corrigées de l'erreur due à la réfraction atmosphérique.

PROPOSITION 4.

THÉORÈME. — *Les étoiles décrivent dans leur mouvement diurne des circonférences de cercle qui ont pour pôle géométrique un même point de la sphère céleste, et leur vitesse est constante.*

Pour le démontrer, on détermine aux différentes époques du mouvement d'une étoile, sa hauteur et son azimuth, et l'on marque, d'après ces données de l'observation, les positions correspondantes que l'astre doit occuper sur un globe en bois ou en carton représentant la sphère céleste. Or, si l'on fait passer un cercle par trois de ces positions, on trouve que ce cercle passe sensiblement par toutes les autres ; cette étoile décrit donc une circonférence de cercle.

Si l'on applique la même construction graphique à une autre étoile, quelle qu'elle soit, on trouve encore que le lieu de ses positions successives sur le globe représentant la sphère céleste est un cercle, et que ce cercle a le même pôle géométrique que le premier.

Enfin, si l'on mesure les arcs qu'une étoile quelconque parcourt sur sa circonférence dans deux espaces de temps égaux, on reconnaît que ces deux arcs sont égaux ; donc les étoiles décrivent dans leur mouvement diurne des circonférences de cercle qui ont pour pôle géométrique un même point de la sphère céleste, et leur vitesse est constante.

DÉFINITIONS.

AXE DU MONDE. — Le point de la sphère céleste qui sert de pôle géométrique à tous les cercles que décrivent les étoiles au-dessus de notre horizon se nomme le *pôle boréal*, et le diamètre de la sphère céleste qui aboutit à ce point est dit l'*axe du monde*.

L'axe du monde prolongé au-dessous de l'horizon perce la sphère céleste en un second point qui est le *pôle austral*. Ces deux pôles reçoivent d'ailleurs le nom commun de *pôles célestes* ; la position du premier dans le ciel est à peu près indiquée par une étoile qui en est distante de 1° 28′, et qu'on nomme *étoile polaire*.

PLAN MÉRIDIEN DE L'OBSERVATEUR. — Le plan qui passe, en chaque lieu, par l'axe du monde et par la verticale du lieu s'appelle le *plan méridien de l'observateur*.

PARALLÈLES CÉLESTES. — Les cercles que décrivent les étoiles dans leur mouvement diurne ont leurs centres sur l'axe du monde auquel ils sont perpendiculaires ; on les nomme *parallèles célestes* ou *cercles diurnes*.

Le parallèle qui passe par le centre de la sphère céleste s'appelle l'*équateur céleste*. Cet équateur divise la sphère en deux parties égales, dont l'une est l'*hémisphère boréal* et l'autre l'*hémisphère austral* ; et, comme l'axe du monde se trouve incliné sur notre horizon, il en résulte que nous pouvons apercevoir toutes les étoiles de l'hémisphère boréal et une partie seulement de l'hémisphère austral ; nous distinguerons ces deux parties du ciel qui comprennent, l'une, les étoiles visibles pour nous, l'autre, celles qui sont invisibles, par les mots de *ciel boréal* et de *ciel austral*.

Méridiens célestes. — On donne le nom de *méridiens célestes* aux grands cercles qu'on obtient en menant des plans par l'axe du monde ; ces grands cercles sont tous perpendiculaires à l'équateur. Chaque méridien céleste divise en deux parties égales le cercle diurne de toutes les étoiles, et celui qui est déterminé en chaque lieu par le plan méridien de l'observateur contient évidemment les culminations de toutes les étoiles.

Jour sidéral. — Les astronomes désignent par *jour sidéral* l'intervalle de temps qui s'écoule entre deux culminations consécutives d'une étoile ; cet intervalle est le même pour toutes les étoiles, et ne varie pas d'une année à l'autre. C'est pourquoi les astronomes l'ont choisi pour unité de temps ; ils divisent d'ailleurs le jour sidéral en 24 heures sidérales, et l'heure sidérale en 60 minutes sidérales, etc.

Les horloges dont on se sert en astronomie sont construites comme les horloges ordinaires, seulement l'aiguille des heures fait le tour du cadran dans l'espace d'un jour sidéral ; de plus, si elles sont bien réglées, elles doivent marquer $0^h\ 0^m$ au moment précis où un point convenu et déterminé de la sphère céleste passe dans le plan méridien de l'observateur. Ce moment est le commencement ou l'*origine* du jour sidéral.

Sens du mouvement diurne. — Le sens dans lequel s'effectue le mouvement diurne des étoiles sur la sphère céleste est complétement défini quand on dit qu'il a lieu d'orient en occident, de même que le sens contraire l'est par ces mots, d'occident en orient. On est convenu, en astronomie, de nommer sens *direct* celui d'un mouvement qui se fait *d'occident en orient*, et d'appeler *rétrograde* le sens d'un mouvement qui se fait *d'orient en occident*.

Le mouvement diurne des étoiles est rétrograde.

PROPOSITION 5.

Théorème. — *Le mouvement diurne des étoiles peut être considéré comme une apparence résultant d'un mouvement réel de la terre autour de l'axe du monde.*

Admettons que la sphère céleste soit immobile et que la terre placée au centre tourne dans le sens direct autour de l'axe du monde. Entraînés dans l'espace par ce mouvement auquel participe tout ce qui nous environne, nous ressemblons au navigateur que les vents emportent avec son vaisseau sur les mers. Il se croit immobile, et le rivage, les montagnes, tous les objets placés hors du vaisseau lui paraissent se mouvoir en sens contraire. De même, si la sphère céleste est immobile, et si la terre placée au centre tourne dans le sens direct, les astres nombreux répandus dans l'espace seront à notre égard ce que le rivage et les montagnes sont par rapport au navigateur; ils doivent nous paraître tourner dans le sens rétrograde.

Quant à la vitesse angulaire et à la durée de ce mouvement apparent, elles seront évidemment les mêmes que celles du mouvement réel de la terre; par conséquent, si la terre tourne en 24 heures sidérales, et avec une vitesse constante, il en sera de même des étoiles. Donc, le mouvement diurne des étoiles peut être considéré comme une apparence résultant d'un mouvement réel de la terre autour de l'axe du monde.

Remarque. —C'est en comparant l'étendue des rivages et la hauteur des montagnes à la petitesse de son vaisseau que le navigateur reconnaît l'illusion de ses sens, et peut affirmer que le mouvement des objets extérieurs n'est qu'une apparence produite par son mouvement réel. L'homme, placé sur la terre en regard des cieux, peut invoquer les mêmes raisons contre le témoignage de ses yeux, et conclure, comme le navigateur, à la réalité de son propre mouvement; toutefois, il existe entre les deux situations une grande différence : il n'y a pas de vaisseau, si parfait qu'il soit, dont on ne puisse sentir le mouvement par les secousses qu'il occasionne dans sa marche; tandis que la terre tourne avec une vitesse tellement régulière et, par suite, tellement insensible, qu'il faut renoncer complétement au témoignage des sens pour croire à la réalité du mouvement de rotation de la terre.

D'ailleurs, toutes les définitions que nous avons données dans l'hypothèse du mouvement diurne des étoiles subsistent intégralement dans celle du mouvement de rotation de la terre, et, au point de vue des applications, ces deux mouvements peuvent être considérés comme équivalents.

CHAPITRE II

Construction de la sphère céleste.

DÉFINITIONS.

Ascension droite et déclinaison des étoiles. — La position d'une étoile sur la sphère céleste est déterminée, comme nous l'avons dit, quand on connaît sa hauteur et son azimuth; mais ces deux éléments dépendent de la situation de l'observateur à la surface de la terre. C'est pourquoi, dans cette détermination, on préfère déduire de ces deux éléments par le calcul, ou chercher par des mesures directes, deux autres éléments équivalents, qui sont totalement indépendants la situation de l'observateur à la surface de la terre et qu'on nomme l'*ascension droite* et la *déclinaison* de l'étoile.

La déclinaison d'une étoile est l'angle formé par le rayon visuel dirigé vers l'étoile et par le plan de l'équateur céleste ; cet angle a pour mesure l'arc de méridien céleste, moindre qu'un quadrant, compris entre l'équateur et l'étoile : le méridien céleste prend alors le nom particulier de *cercle de déclinaison*. La déclinaison d'une étoile est *boréale* ou *australe*, suivant que l'étoile appartient à l'hémisphère boréal ou austral ; elle peut varier de 0 à 90°, et se représente par la lettre D.

L'ascension droite d'une étoile est l'angle dièdre formé par le cercle de déclinaison de l'étoile et par le cercle de déclinaison du point déjà choisi pour origine du jour sidéral ; cet angle a pour mesure l'arc d'équateur compris entre les deux cercles de déclinaison. L'ascension droite se compte de 0 à

360° dans le sens direct; on la représente par le signe Æ.

Ces deux éléments Æ et D, qui suffisent, comme on le voit dans la géométrie, pour qu'on puisse marquer la position d'une étoile sur la sphère céleste, portent le nom commun de *coordonnées équatoriales* de l'étoile.

PROPOSITION 1.

PROBLÈME. — *Déterminer l'ascension droite d'une étoile.*

On se sert d'un appareil connu sous le nom de *lunette méridienne* ou *instrument des passages* et qui a été imaginé en 1700 par l'astronome danois Rœmer. La lunette méridienne se compose essentiellement d'une lunette astronomique CD (*fig. 2*), placée à angle droit sur un axe AB; cet axe peut se déplacer un peu, et, à cet effet, les deux tourillons qui en terminent les extrémités sont appuyés sur des coussinets qu'on fait mouvoir ou

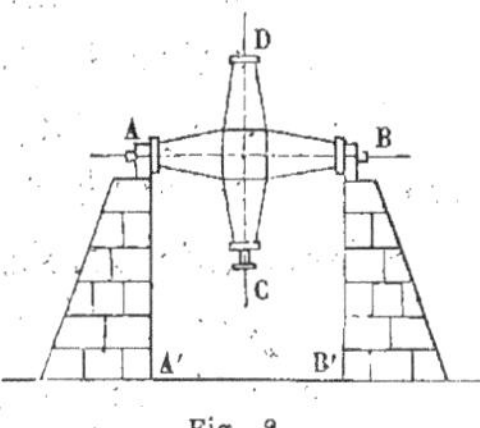

Fig. 2.

qu'on fixe à volonté. Tout l'appareil est du reste porté, comme le représente la figure, par deux forts piliers AA', BB', construits en maçonnerie.

Pour que l'appareil soit en état de servir, il faut d'abord que l'axe AB soit horizontal : on s'en assure en suspendant à cet axe, par deux fils de fer égaux, un niveau à bulle d'air; la bulle doit s'arrêter exactement au milieu du niveau.

Il faut ensuite que la lunette CD décrive dans son mouvement un plan parfaitement vertical : pour voir si cette condition est remplie, on vise un point de l'espace, et, après avoir retourné l'axe AB bout pour bout, on examine si l'on aperçoit le même point dans la même direction. En changeant un peu le point de croisement des fils dans le réticule de la lunette et recommençant plusieurs fois la vérification, on finit par satisfaire à cette condition.

Enfin, il faut avoir placé l'appareil de telle sorte que le plan vertical décrit par la lunette coïncide exactement avec le plan méridien de l'observateur : dans ce but, on observe une étoile circumpolaire et on dirige vers elle la lunette. Si le temps que met l'étoile à aller de son passage supérieur à son passage inférieur est égal au temps qu'elle met à aller de son passage inférieur à son passage supérieur, il est certain que le plan décrit par l'axe optique de la lunette coïncide avec le plan méridien de l'observateur et que l'instrument des passages est en état de servir.

Supposons maintenant qu'on ait observé, avec une lunette méridienne et une horloge sidérale, l'heure exacte du passage d'une étoile au méridien : soit 5 heures 28 minutes, l'heure de ce passage. Si l'horloge est bien réglée, elle doit marquer $0^h\ 0^m$ lorsque le premier cercle de déclinaison passe au méridien ; puisqu'elle marque 5 heures 28 minutes au passage de l'étoile, il est facile d'en déduire le nombre de degrés qui sépare le cercle de déclinaison de l'étoile du premier cercle de déclinaison. On sait, en effet, qu'une étoile parcourt uniformément dans son mouvement diurne 360° en 24 heures, c'est-à-dire 15° en une heure, 15' en une minute ; par conséquent, en 5 heures 28 minutes, elle aura parcouru 5 fois 15° et 28 fois 15', ce qui donne 82° pour l'ascension droite de l'étoile.

PROPOSITION 2.

THÉORÈME. — *La hauteur du pôle au-dessus de l'horizon d'un lieu est égale à la moyenne arithmétique des hauteurs qu'atteint une même étoile circumpolaire lors de ses deux passages au méridien de ce lieu.*

Supposons qu'on ait amené le cercle vertical d'un théodo-

lite à coïncider avec le plan méridien de l'observateur, comme
on le fait pour l'instrument des passages,
et que le cercle ZHZ'H' (*fig.* 3) représente
cette partie du théodolite. Si les rayons OP,
OA, OA' désignent les directions dans lesquelles on voit sur la sphère céleste le pôle
boréal et une étoile circumpolaire, lors de

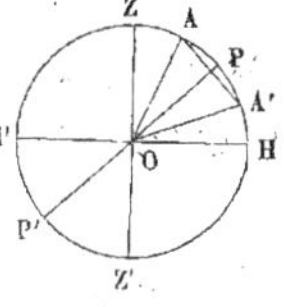

Fig. 3.

ses deux passages au méridien, on trouve immédiatement les
deux égalités suivantes :

$$HP = AH - AP \quad \text{et} \quad HP = A'H + A'P.$$

Mais, si l'on ajoute ces deux égalités membre à membre, en
remarquant que les deux termes AP et A'P sont égaux et se
détruisent, on obtient cette autre égalité :

$$2HP = AH +$$

d'où

$$HP = \frac{AH + A'H}{2}.$$

On en conclut que la hauteur du pôle au-dessus de l'horizon d'un lieu est égale à la moyenne arithmétique des hauteurs qu'atteint une même étoile circumpolaire, lors de ses
deux passages au méridien de ce lieu.

Chacune de ces hauteurs se mesure sur le cercle vertical
du théodolite.

Corollaire 1. — La hauteur du pôle au-dessus de l'horizon
est égale à la moyenne arithmétique des distances zénithales
AZ et A'Z d'une même étoile circumpolaire, dans le plan
méridien de l'observateur.

Corollaire 2. — La distance d'une étoile au pôle est égale
à la demi-différence des hauteurs ou des distances zénithales
d'une même étoile circumpolaire, dans le plan méridien de
l'observateur.

DÉFINITION.

Cercle mural. — Comme on a fréquemment besoin de connaître la hauteur du pôle au-dessus de l'horizon, dans

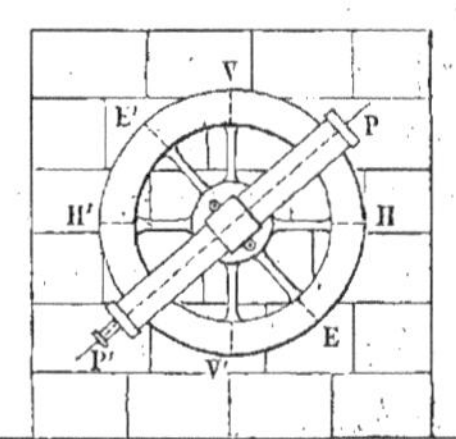

Fig. 4.

chaque observatoire, on fixe ordinairement le cercle vertical du théodolite contre un mur très-solide, et on l'établit de telle sorte que le plan décrit par l'axe optique de la lunette mobile coïncide avec le plan méridien de l'observateur; voyez la *fig.* 4. Les lignes HH', VV', EE', PP', représentent l'horizontale, la verticale du lieu, la trace de l'équateur céleste sur le plan méridien et l'axe du monde; toutes ces lignes restent marquées sur l'appareil.

L'appareil ainsi constitué reçoit le nom de *cercle mural.* Mais quelquefois il repose par son support directement sur le sol et devient portatif; le limbe se réduit alors à un quadrant, et l'instrument prend le nom de *quart de cercle mobile.*

La hauteur du pôle à Paris est de 48° 50'.

PROPOSITION 3.

Problème. — *Déterminer la déclinaison d'une étoile.*
Pour déterminer la déclinaison d'une étoile, on commence

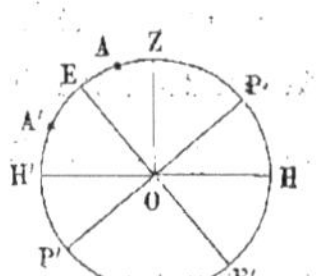

Fig. 5.

par attendre que l'étoile arrive dans le plan méridien de l'observateur; soit alors EPE'P' (*fig.* 5), le cercle de déclinaison de l'étoile. Si la lettre A désigne la position de l'étoile et P celle du pôle boréal, il est évident que l'arc AE est le complément de l'arc AP; la déclinaison de l'étoile est donc boréale et égale au complément de sa distance au pôle. Si la lettre A' désigne la position de l'étoile, l'arc A'E n'est pas le complément de l'arc A'P; mais si l'on retranche 90° de l'arc A'P, le reste est la déclinaison de l'étoile, qui est alors australe. Il suffit donc de mesurer, avec un cercle mural, la distance d'une étoile au pôle pour en déduire immédiatement sa déclinaison.

On peut remarquer aussi sur la *fig.* 5 que la déclinaison d'une étoile quelconque est égale à la hauteur du pôle HP ou EZ, plus ou moins la distance zénithale de l'étoile, dans le plan méridien de l'observateur; suivant que le résultat est positif ou négatif, la déclinaison est boréale ou australe.

PROPOSITION 4.

Problème. — *Faire connaître ce qu'on entend par catalogue d'étoiles et par globe céleste.*

Supposons qu'après avoir déterminé l'AR et la D de toutes les étoiles, on en prenne note et qu'on dispose les résultats dans un même tableau à plusieurs colonnes, savoir : le nom de l'étoile dans une colonne, le nom de sa constellation dans une autre, son AR dans la troisième, sa D dans la quatrième. Une table ainsi formée est ce que les astronomes appellent un *catalogue d'étoiles.*

Le premier catalogue d'étoiles a été construit par Hipparque, 150 ans avant J.-C., et, comme les positions relatives des étoiles n'ont pas varié d'une manière sensible depuis cette époque, ces catalogues peuvent encore servir aujourd'hui pour étudier les principales constellations du ciel.

On peut aussi se proposer, connaissant les résultats inscrits dans les catalogues, de marquer sur une sphère en bois, en carton ou en métal, la place que doit occuper chaque étoile, d'après son AR et sa D; on obtient ainsi en relief une image complète et fidèle de la voûte étoilée : cette image est un *globe céleste* ou une *sphère céleste.*

PROPOSITION 5.

Problème. — *Décrire l'aspect que présente la sphère céleste.*

Constellations. — La sphère céleste offre à la vue un très-grand nombre d'étoiles, et, pour les distinguer les unes des autres, on a imaginé de les réunir par groupes, auxquels on donne le nom de *constellations.*

Les anciens avaient cru remarquer que les constellations forment sur la sphère céleste des figures plus ou moins semblables à celles de divers animaux qu'ils adoraient; c'est pourquoi ils donnèrent à ces figures le nom de leurs divinités, tels que *Grande Ourse, Petite Ourse, Grand Chien, Taureau, Scorpion, Lion,* ect.

Plus tard on donna aux étoiles les noms des rois et des princes.

Enfin, les noms venant à faire défaut, surtout à l'époque de l'invention des lunettes, les astronomes imaginèrent de marquer par des lettres grecques et par des chiffres les étoiles qu'on découvrait dans chaque constellation. On connaît aujourd'hui 117 constellations principales, et la plus étonnante variété règne parmi les noms des constellations et des étoiles qui composent les constellations.

Pour trouver dans le ciel ou sur un globe céleste une constellation, on peut employer utilement la *méthode des alignements :* cette méthode consiste à faire passer une ligne droite par deux étoiles que l'on connaît de position et à prolonger cette ligne dans un sens ou dans l'autre jusqu'à une certaine distance ; on obtient ainsi, au moyen d'une règle très-simple et en partant de la *Grande Ourse,* que tout le monde connaît sous le nom de *Chariot de David,* la *Petite Ourse, Cassiopée,* le *Carré de Pégase,* le *Lion,* le *Baudrier d'Orion, Sirius,* le *Cygne,* la *Lyre* et une multitude d'autres constellations, dont quelques-unes sont représentées dans la *pl. 1, fig. 6.*

Les astronomes modernes, tout en conservant les figures des constellations, classent les étoiles suivant leur éclat en diverses grandeurs; il y en a aujourd'hui de quatorze grandeurs différentes, et celles des six premières grandeurs seulement sont visibles à simple vue.

Nombre des étoiles. — Les étoiles de la première grandeur sont une vingtaine, dont la plus brillante sur notre horizon est *Sirius* ou α du *Grand Chien;* viennent ensuite une soixantaine d'étoiles dont l'éclat n'est que de deuxième grandeur et parmi lesquelles on remarque l'*Étoile polaire.* Il y a près de 200 étoiles de troisième grandeur, 400 environ de quatrième, 1 100 de cinquième et 3 200 de sixième grandeur; en tout, 5 000 étoiles à peu près visibles à l'œil nu.

Au delà de la sixième grandeur, le nombre des étoiles augmente prodigieusement. En admettant avec l'astronome Struve que le nombre des étoiles de chaque classe est environ le triple du nombre des étoiles appartenant à la classe précédente, il est aisé de reconnaître qu'il doit y avoir plus de 28 millions d'étoiles de quatorzième grandeur, et que le nombre total des étoiles de la première à la quatorzième grandeur, dépasserait 43 millions. Cette évaluation est sans doute erronée; mais elle pèche probablement par défaut et les véritables nombres donneraient des résultats plus grands.

Étoiles multiples. —Quand on examine une étoile avec le télescope, il arrive quelquefois que telle étoile qui paraissait simple à l'œil nu se montre composée de deux, de trois, de quatre étoiles et même d'un plus grand nombre : ces astres ont reçu le nom d'étoiles *doubles, triples, quadruples et multiples.*

Les étoiles doubles sont très-nombreuses et leur nombre, qui ne peut que s'accroître avec les observations, dépasse

2

déjà 3 000 : en moyenne, sur 40 étoiles qu'on regarde et que le premier aspect fait croire simples, il y en a une qui est double. Ce qu'il y a de particulier dans ces étoiles doubles, c'est que les deux étoiles composantes sont ordinairement inégales et la plus petite semble tourner autour de la plus grosse, ou, plus exactement, chacune des deux paraît tourner autour de leur centre commun de gravité. Ce mouvement d'ailleurs est presque imperceptible, car il s'effectue toujours dans une orbite large de quelques secondes seulement et l'étoile ne parcourt jamais dans son orbite plus de 10° par an, c'est-à-dire qu'elle met au moins 36 ans à faire une révolution entière. Il y a des étoiles doubles qui mettent certainement plus de 200 ans à accomplir leur révolution.

Les étoiles triples ne sont pas au nombre de 100; il y en a encore moins de quadruples, et à peine deux ou trois de multiples. Les étoiles triples paraissent formées de deux étoiles dont l'une est double; les quadruples, de deux étoiles doubles, et c'est d'une façon analogue, c'est-à-dire de plusieurs étoiles doubles ou triples, que paraissent formées les étoiles multiples.

Variations des étoiles. — La plupart des étoiles simples sont blanches; il y en a quelques-unes de rouges et un petit nombre de jaunes. Les catalogues n'en signalent aucune qui soit bleue ou verte. Le bleu et le vert ne se rencontrent que parmi les étoiles doubles : la plus grande des deux paraît ordinairement rouge ou jaune, et la plus petite bleue ou verte.

La cause de la coloration des étoiles est complétement inconnue. Cette coloration d'ailleurs est assez constante : on ne connaît guère que *Sirius* dont la couleur ait notablement varié; de rouge qu'il était, il est devenu blanc. Mais l'éclat des étoiles n'est pas aussi constant que leur couleur.

Il y a des étoiles dont l'éclat va en diminuant : telles sont les étoiles α de la Grande Ourse, β du Lion, α du Dragon; telle est encore l'étoile du pied du Bélier qu'Hipparque citait comme belle et remarquable et qui n'est aujourd'hui que de quatrième grandeur; il y a même des étoiles dont la lumière s'est complétement éteinte.

Il y a aussi des étoiles dont l'éclat va en augmentant : dans cette catégorie se trouvent la 31ᵉ du Dragon, la 14ᵉ du Lynx, la 38ᵉ de Persée et une étoile de la Grande Ourse.

Enfin, il existe des étoiles dont l'éclat change périodiquement : l'étoile *Algol* ou β de Persée, passe en deux ou trois jours de la deuxième à la quatrième grandeur; l'éclat d'*o* de la Baleine (*ciel austral*), varie en 334 jours de la deuxième grandeur à la disparition complète; on connaît encore plusieurs autres étoiles variables. On a supposé, pour expliquer leurs variations, que ces étoiles sont probablement accompagnées de corps opaques, qui, circulant autour d'elles, s'interposent de temps en temps entre elles et nous, au point d'atténuer leur éclat et même de le voiler complétement. Mais, s'il en était ainsi, les variations devraient être régulières dans leur marche et dans leur durée, tandis que l'observation attentive des phénomènes a précisément démontré le contraire.

Comment expliquer d'ailleurs l'apparition et la disparition subites de certaines étoiles? En 1572, on vit apparaître une étoile nouvelle dans Cassiopée; l'astronome Tycho-Brahé, qui la remarqua un des premiers, la comparait à Vénus pour son éclat. En 1674, elle disparut; jamais plus on ne la revit. En 1504, une autre étoile se montra pendant quinze mois dans le Serpentaire (*ciel austral*); Képler put l'observer. En 1670, une autre se mit à briller dans la tête du Renard, puis s'éteignit et se ranima plusieurs fois avant de disparaître pour toujours. Ces faits n'ont point encore reçu d'explication satisfaisante.

Nébuleuses. — On remarque sur la sphère céleste un certain nombre de taches blanchâtres, qui se trouvent semées çà et là dans le ciel comme de petits nuages immobiles dans les endroits où il y a le moins d'étoiles : ce sont les *nébuleuses*. Quand on les examine avec une bonne lunette, on ne tarde pas à reconnaître qu'il y en a deux espèces bien distinctes.

Quelques-unes ne sont que des amas d'étoiles très-petites et très-nombreuses : telles sont les *Pléiades* et le *Cancer*. Si on les observe à l'œil nu ou avec des lunettes d'un très-faible grossissement, on ne peut pas distinguer les étoiles dont elles sont formées; elles paraissent alors comme de simples taches d'un éclat plus ou moins prononcé dans leurs diverses parties. Mais si on se sert d'instruments plus parfaits, on finit par voir nettement qu'elles ne sont que des agglomérations de points brillants, isolés. Ces nébuleuses, qui peuvent ainsi se résoudre en étoiles, sont désignées sous le nom de nébuleuses *résolubles :* leurs formes principales sont celles d'un cercle (*pl.* 2, *fig.* 7), d'un anneau (*pl.* 2, *fig.* 8), ou d'un éventail (*pl.* 2, *fig.* 9); mais la plupart sont irrégulières, comme la grande nébuleuse de la constellation d'*Orion* (*pl.* 2, *fig.* 10).

Il y a une nébuleuse de ce genre qui est remarquable entre toutes et que chacun peut observer sans le secours d'aucun instrument : c'est la *Voie lactée*. On donne ce nom à cette bande blanchâtre, irrégulière, qui divise la sphère céleste en deux parties presque égales : elle se bifurque à peu près vers l'étoile α du Cygne sous un angle aigu; les deux branches restent séparées pendant 150° environ, et vont se réunir dans l'hémisphère austral; la largeur totale de cette zone varie de 5 à 22°.

Le philosophe d'Abdère, Démocrite, est le premier qui ait soupçonné que l'éclat de la voie lactée est dû à l'agglomération d'un nombre incalculable de petites étoiles. Il est vrai

qu'on y reconnaît difficilement à simple vue un amas d'étoiles; mais si l'on dirige une lunette vers une partie quelconque de la voie lactée, on aperçoit immédiatement, à la place
d'une lueur blanchâtre, une myriade de petites étoiles disséminées dans cette région : la voie lactée n'est donc autre chose
qu'une nébuleuse résoluble, immense en apparence et qui,
en réalité, doit avoir quelque analogie de forme avec la nébuleuse représentée par la *pl.* 2, *fig.* 11.

D'autres nébuleuses, même quand on les examine avec les
meilleurs télescopes, ne se résolvent pas en étoiles. On peut
dire sans doute que cela tient à ce que les télescopes ne sont
pas assez puissants et que telle nébuleuse, qui n'est pas résoluble, le serait certainement si nous possédions des instruments plus parfaits; cela est vraisemblable pour un certain
nombre de nébuleuses, mais non pas pour toutes. Il y a des
nébuleuses dont l'aspect est tel qu'il n'est pas possible de les
regarder comme des amas d'étoiles; ce sont évidemment des
amas d'une matière vaporeuse, diffuse, et pourtant lumineuse
par elle-même, qui a reçu le nom particulier de matière *nébuleuse* ou *cosmique.* Ces nébuleuses, qui ne peuvent pas se
résoudre en étoiles, sont les nébuleuses *proprement dites.*

Les dimensions des nébuleuses proprement dites sont
extrêmement variables : il y en a qui forment sur la sphère
céleste une tache laiteuse sept à huit fois plus grande que le
soleil. Ces grandes nébuleuses n'ont aucune régularité dans
leur forme : quelques-unes se terminent nettement d'un côté,
tandis que sur le côté opposé leur lumière se fond dans le ciel
par une dégradation insensible; d'autres s'allongent prodigieusement dans un ou plusieurs sens et présentent à l'intérieur de grands espaces obscurs; toutes les figures bizarres
des nuages agités par le vent se retrouvent dans les grandes
nébuleuses proprement dites. Les plus petites ont des con-
tours généralement arrondis et un éclat à peu près uniforme;

quelques-unes d'entre elles laissent voir vers leur centre une ou plusieurs étoiles.

L'observation très-attentive des nébuleuses proprement dites conduit à penser que la matière dont elles sont formées se condense peu à peu autour de certains points, et qu'elles donnent ainsi naissance à des étoiles isolées ou groupées de manière à former des nébuleuses résolubles. Sans doute cette transformation s'effectue avec une lenteur telle qu'on ne peut pas espérer d'être témoin de changements appréciables dans la disposition des diverses parties d'une nébuleuse ; mais si l'on compare les figures que présentent plusieurs de ces nébuleuses, on y remarque d'une manière frappante les aspects que peut présenter une même nébuleuse aux différentes époques de sa transformation. Il suffit de jeter un coup d'œil sur les quatre nébuleuses représentées dans la *pl. 2, fig. 12,* pour voir comment peut s'opérer un pareil changement.

Qu'on suive par la pensée la condensation progressive au delà de l'état indiqué par la dernière de ces quatre nébuleuses ; qu'on imagine l'atmosphère immense de l'étoile centrale se resserrant encore, diminuant d'intensité et disparaissant même entièrement, et l'on aura une étoile isolée comme celles qui fourmillent dans le ciel. Au lieu d'un seul centre de condensation, il y a des nébuleuses proprement dites qui en ont plusieurs ; ces nébuleuses devront engendrer les étoiles doubles ou multiples. Quelques nébuleuses proprement dites ont un très-grand nombre de centres de condensation ; ces nébuleuses seront un jour transformées en amas d'étoiles ou nébuleuses résolubles.

Il n'est pas impossible, comme nous ne savons rien de la vitesse avec laquelle s'effectue cette transformation, que les étoiles subitement apparues en 1572, en 1604 et en 1670, aient été le résultat d'une condensation rapide de la matière nébuleuse.

CHAPITRE III

Distance des étoiles à la terre.

DÉFINITION.

Parallaxe. — On appelle *parallaxe de hauteur* ou simplement *parallaxe* d'un astre, l'angle formé par deux droites menées de cet astre, l'une au centre de la terre, l'autre à un point de sa surface.

Remarquons d'abord que, pour un point donné à la surface de la terre, la parallaxe d'un astre a une valeur qui dépend et de la distance de l'astre et de sa hauteur au-dessus de l'horizon ; mais, si l'on suppose constante la distance de l'astre, sa parallaxe doit varier, suivant sa hauteur, depuis 0 jusqu'à une certaine valeur maximum, qu'elle atteint précisément quand l'astre est à l'horizon ; enfin, si l'on admet que la terre est sphérique, cette valeur maximum est la même, quelle que soit la position du point donné à la surface de la terre.

Cette valeur maximum de la parallaxe d'un astre est particulièrement désignée par le nom de *parallaxe horizontale*.

PROPOSITION 1.

Théorème. — *La parallaxe d'une étoile quelconque est nulle.*

Supposons, en effet, qu'on ait tracé une droite AB (*fig.* 12) sur la surface de la terre et qu'on ait mesuré à l'aide d'un théodolite les angles A et B que forment avec la droite AB les deux rayons visuels dirigés de ses extrémités à une même étoile C ; dans le triangle ABC, on saura déduire de la valeur des angles A et B celle du troisième C. Or, si l'on applique ce procédé avec toute la rigueur possible, il arrive toujours, quelque grande que soit la base AB qu'on ait choisie et

Fig. 12.

quelle que soit l'étoile observée, que les angles A et B formés avec cette base par les deux rayons visuels dirigés vers l'étoile sont supplémentaires ; par conséquent, le troisième angle C doit être nul. Donc, on peut affirmer que la parallaxe d'une étoile quelconque est nulle.

COROLLAIRE. — *Deux droites menées à la même étoile de deux points différents pris sur la terre sont parallèles.*

DÉFINITION.

PARALLAXE ANNUELLE DES ÉTOILES. — La terre, comme nous le verrons bientôt (liv. III), décrit dans l'espace d'un an autour du soleil une courbe immense qu'on nomme l'*orbite terrestre* et dont le rayon moyen est de 38 millions de lieues ; notre globe se trouve, par conséquent, à six mois d'intervalle, situé aux deux extrémités d'un diamètre de cette courbe, tandis que le soleil est au milieu de ce diamètre. On appelle *parallaxe annuelle* d'une étoile l'angle formé par deux droites menées de l'étoile, l'une au centre du soleil, l'autre à l'extrémité du rayon de l'orbite terrestre qui est perpendiculaire à la première.

PROPOSITION 2.

THÉORÈME. — *Si la parallaxe annuelle d'une étoile était d'une seconde, cette étoile serait à une distance de la terre 206 265 fois plus grande que le rayon de l'orbite terrestre.*

Supposons que les points S, T, E (*fig.* 13), désignent les positions respectives du soleil, de la terre et d'une étoile dont la parallaxe annuelle est d'une seconde ; puis, décrivons, dans le triangle STE, un arc T'S' qui ait pour centre le point E et pour rayon l'unité de longueur.

Si l'on tient compte de la petitesse de l'angle E et de la grande distance des étoiles, on peut considérer la droite TS comme se confondant avec l'arc qui aurait pour centre le point E et pour rayon ET ; mais, d'après une proposition connue de géométrie, on a la proportion suivante :

$$\frac{ET}{ET'} = \frac{\text{arc TS}}{\text{arc T'S'}},$$

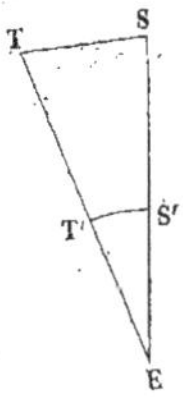

et l'on en déduit pour expression de la distance de l'étoile à la terre :

$$ET = \frac{ET' \times \text{arc TS}}{\text{arc T'S'}}.$$

Fig. 13.

Or, la droite ET' n'est autre chose que l'unité de longueur ; l'arc TS se confond avec le rayon de l'orbite terrestre ; l'arc T'S' est égal à la fraction $\frac{2\pi}{1\,296\,000}$ ou $\frac{1}{206\,265}$; par conséquent, cette expression de la distance de l'étoile à la terre est égale au rayon de l'orbite terrestre multiplié par 206 265. Donc, si la parallaxe annuelle d'une étoile était d'une seconde, cette étoile serait à une distance de la terre 206 265 fois plus grande que le rayon de l'orbite terrestre.

PROPOSITION 3.

PROBLÈME. — *Donner une idée de la distance exacte des étoiles à la terre.*

Si l'on multiplie par 206 265 le nombre 38 millions de lieues qui exprime le rayon moyen de l'orbite terrestre , on trouve pour produit 8 millions de millions à peu près. Pour se faire une idée de la distance représentée par ce chiffre énorme, il faut prendre un autre terme de comparaison ; on choisit, à cet effet, la vitesse de la lumière. La lumière, qui parcourt 77 000 lieues par seconde, met 8 minutes pour arriver du soleil à la terre : elle mettrait plus de trois ans pour venir d'une étoile dont la parallaxe annuelle serait d'une seconde. Comme les parallaxes annuelles qu'on a pu évaluer sont toutes inférieures à une seconde, on peut en conclure qu'il n'y a pas d'étoile dont la lumière mette moins de trois ans pour arriver à la terre. Il y en a une, α du Centaure, dont la parallaxe est 0″,91 ; sa lumière reste trois ans et demi en route ; il y en a une autre, la 61ᵉ du Cygne, dont la parallaxe est 0″,35 ; sa lumière met presque dix ans à franchir l'espace qui nous en sépare. Ces deux étoiles sont les plus rapprochées de nous ; si donc une étoile nouvelle venait à briller dans la même région que les autres, ou bien si les étoiles qui brillent aujourd'hui venaient toutes à s'anéantir, il faudrait qu'il s'écoulât encore plus de trois ans avant que nos yeux fussent avertis d'aucun changement dans la voûte étoilée. Le célèbre astronome Huygens pensait avec quelque raison qu'il y a sans doute un bon nombre d'étoiles dont la lumière ne nous est pas encore parvenue, depuis le commencement du monde.

Quand on songe que la distance qui sépare deux étoiles doit être de même ordre que celle qui les sépare de la terre, que les nébuleuses ne sont que des amas d'étoiles, et que les nébuleuses sont pour le moins aussi distantes entre elles que les étoiles, l'esprit se perd dans la contemplation de ces globes dont le nombre est infini, dont la distance est immense, dont les dimensions sont sans doute prodigieuses, et l'homme n'est plus tenté de croire que le petit globe isolé qu'il habite soit le centre réel des mouvements diurnes de tous les corps de l'univers.

QUESTIONS.

D'où vient qu'on n'aperçoit aucune étoile sur l'horizon au milieu du jour?

Comment faudrait-il disposer un théodolite pour le faire servir à la vérification pratique des lois du mouvement diurne?

En quoi consiste le phénomène de la scintillation des étoiles ?

Développer les preuves qu'on peut invoquer contre l'hypothèse de l'immobilité de la terre.

Calculer la différence d'ascension droite de deux étoiles, sachant que le passage de la première au méridien s'est fait à $5^h\ 3^m\ 4^s$ et celui de la seconde à $12^h\ 15^m\ 6^s$.

Déterminer à quelle distance doit se trouver la 61e étoile du *Cygne*, sachant que sa parallaxe annuelle, d'après Bessel, est égale à $0'',35$.

Faire voir qu'un point est déterminé de position sur un hémiphère donné, quand on sait que ce point appartient à un quadrant perpendiculaire à la base de l'hémisphère et à un petit cercle parallèle à cette base.

Démontrer que l'influence de l'atmosphère terrestre sur la forme générale de la voûte des cieux a pour effet d'abaisser graduellement cette voûte depuis la base jusqu'au sommet.

Calculer, en fonction du rayon de la terre, la distance d'un astre dont la parallaxe horizontale est de $8'',5$.

LIVRE II

DE LA TERRE.

CHAPITRE PREMIER

Forme générale de la terre.

DÉFINITION.

FORME DE LA TERRE. — On entend par *forme* de la terre, la figure qu'elle présenterait si la surface des mers était prolongée sur les continents de manière à les recouvrir entièrement; cette forme est d'ailleurs sensiblement indiquée à travers les montagnes par le cours des fleuves, dont la plupart ont une pente assez faible.

PROPOSITION 1.

THÉORÈME. — *La forme de la terre n'est pas celle d'un plan indéfini.*

Cette proposition est démontrée, 1° par le mode de disparition et d'apparition des navires en pleine mer; 2° par le changement d'aspect du ciel étoilé qui accompagne le changement de position de l'observateur à la surface de la terre; 3° par les voyages de circumnavigation.

1° Lorsqu'un vaisseau s'éloigne de la côte, le spectateur qui reste sur le rivage voit d'abord disparaître la partie inférieure, c'est-à-dire la coque du vaisseau, puis, un peu après, la partie moyenne, c'est-à-dire les voiles et les hunes; enfin,

il finit par perdre de vue la partie supérieure, c'est-à-dire le
sommet des mâts. Lorsque le vaisseau s'approche de la côte,
ses différentes parties apparaissent successivement dans l'ordre inverse. Or, si la terre était plane, c'est précisément le
contraire qui devrait arriver : quand le vaisseau s'éloignerait,
on perdrait de vue d'abord les parties les plus petites, telles
que le sommet des mâts, puis les parties qui sont plus grosses, comme les voiles et les hunes, et en dernier lieu le corps
ou la coque du navire ; quand il s'approcherait, ce serait l'inverse. Donc la forme de la terre n'est pas celle d'un plan indéfini.

2° Si l'on se dirige du sud au nord, en examinant la même
étoile, l'étoile polaire, par exemple, on la voit s'élever dans
le ciel à une hauteur de plus en plus grande ; elle s'abaisse, au
contraire, si l'on se dirige du nord au sud. Mais, si la surface
de la terre était un plan indéfini, la hauteur des étoiles ne devrait pas changer avec la position de l'observateur, car deux
droites menées à la même étoile de deux points différents pris
sur la terre sont parallèles ; par conséquent, ces deux droites
devraient avec le même plan faire le même angle. La forme
de la terre n'est donc pas celle d'un plan indéfini.

3° Les voyages de circumnavigation ont mis hors de doute
la convexité de la terre. C'est ainsi que Magellan, le premier
qui entreprit de faire le tour du monde, s'embarqua en Por-
tugal, et s'avançant continuellement vers l'occident, sauf à
côtoyer vers le sud quand il y était forcé par les continents,
put revenir en Europe sans avoir jamais cessé de se diriger
vers l'occident ; ses compagnons revinrent débarquer au port
même d'où ils étaient partis, comme s'ils arrivaient de l'o-
rient. Depuis cette époque, on a répété bien souvent ce mé-
morable voyage et fait le tour de la terre dans toutes les directions possibles. Donc la forme de la terre n'est pas celle
d'un plan indéfini.

CorollAire. — *La surface de la terre est arrondie dans tous les sens.*

DÉFINITIONS.

Horizon rationnel. — Nous avons donné le nom d'horizon au plan qui passe par l'œil d'un observateur placé sur la terre et qui est perpendiculaire à la verticale du lieu ; c'est l'horizon *réel.* Par opposition, on nomme horizon *rationnel* le grand cercle de la sphère céleste qu'on obtient en menant par son centre un plan parallèle à l'horizon réel ; ces deux horizons se trouvent séparés par une distance égale à la demi-épaisseur terrestre, mais, à cause de l'immensité de la sphère céleste, la terre se réduit à un simple point placé au centre, et l'on peut supposer que ces deux horizons sont confondus en un seul.

Horizon sensible. — Lorsqu'on s'élève au-dessus du sol, à une certaine hauteur, comme le sommet d'une tour, la vue s'étend, mais se trouve encore bornée en tous sens. Si l'on mène par le lieu où l'on est placé un cône tangent à la surface de la terre et ayant pour sommet l'œil de l'observateur, ce cône détermine ce qu'on appelle l'*horizon sensible,* et l'inclinaison de chaque génératrice sur l'horizon rationnel se nomme la *dépression de l'horizon* dans chaque direction.

PROPOSITION 2.

Théorème. — *La forme générale de la terre est sphérique.*
Supposons, en effet, qu'un observateur, placé à une hauteur AB (*fig.* 14) au-dessus de la terre, mesure aussi exactement que possible l'angle CAB que fait avec la verticale une génératrice du cône qui détermine l'horizon sensible ; il peut

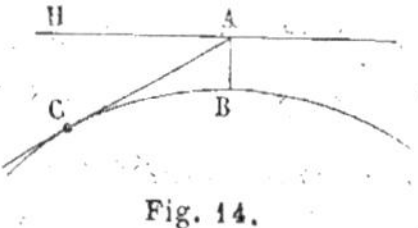
Fig. 14.

en déduire immédiatement, en prenant le complément de cet angle, la dépression CAH de l'horizon dans cette direction. Or, quelle que soit cette direction et quelle que soit la hauteur à laquelle l'observateur s'est élevé, l'angle CAB et, par suite, l'angle CAH conservent la même valeur autour du même point; il en résulte que la surface de la terre ne peut être que celle d'un solide de révolution autour de la verticale AB. Mais, quelque part qu'on choisisse la verticale d'ascension, on trouve toujours, à la même hauteur, la même dépression; donc, la forme de la terre est non-seulement celle d'un solide de révolution, mais encore celle d'une sphère, car il n'y a que la sphère qui puisse être considérée comme un solide de révolution autour de toutes les droites normales à sa surface.

Toutefois, pour que cette conclusion fût tout à fait rigoureuse, il faudrait que la mesure de la dépression de l'horizon pût s'opérer partout avec une exactitude complète, tandis que les mesures d'angle ne sont jamais que des résultats plus ou moins approchés; enfin, dans le cas actuel, aux causes ordinaires d'indécision s'ajoute encore le défaut de précision dans le point d'où l'on observe et dans le point observé. C'est pourquoi, de tout ce qui précède, on ne peut pas conclure que la terre est une sphère exacte, mais seulement que sa forme générale est sphérique.

DÉFINITIONS.

Pôles terrestres. — La forme générale de la terre étant sphérique, toutes les verticales menées à sa surface doivent concourir à son centre, et, comme on peut supposer son centre confondu avec celui de la sphère céleste, l'axe du monde traverse la terre suivant un diamètre, qu'on appelle *axe terrestre.* Les extrémités de cet axe correspondent aux deux pôles célestes et sont les *pôles de la terre;* l'un est le pôle *boréal,* l'autre le pôle *austral.*

Équateur. — Méridiens. — Parallèles. — Le plan de

l'équateur céleste coupe la terre suivant un grand cércle, qu'on nomme *équateur terrestre* ou *ligne équinoxiale* et qui sépare l'hémisphère boréal de l'hémisphère austral ; les méridiens célestes coupent la terre suivant d'autres grands cercles, perpendiculaires à l'équateur, qui sont les *méridiens terrestres.* Parmi ces méridiens, il y en a un qui passe par un point choisi et déterminé sur la terre ; on le nomme le *premier méridien.*

Les *parallèles terrestres* sont de petits cercles déterminés par des plans parallèles à celui de l'équateur. Évidemment, ces plans prolongés jusqu'à la sphère céleste ne sont pas des parallèles célestes ; à cause de l'immensité de la sphère céleste, tous ces plans ne font qu'un avec celui qui passe par le centre, c'est-à-dire avec l'équateur. Mais, si l'on imagine un cône ayant pour sommet le centre de la terre et pour base un parallèle terrestre, ce cône prolongé jusqu'à la sphère céleste la coupera suivant un cercle qui sera un parallèle céleste. Les parallèles terrestres et les parallèles célestes sont donc situés deux à deux sur un même cône, qui a pour sommet le centre de la terre et pour axe l'axe du monde.

Longitude et latitude. — Pour déterminer la position d'un lieu sur la sphère terrestre, on emploie deux coordonnées analogues aux coordonnées équatoriales d'une étoile qui nous ont servi pour construire la sphère céleste ; on les nomme, en géographie, *longitude* et *latitude.*

La *latitude* d'un lieu est l'angle formé par la verticale de ce lieu avec l'équateur ; cet angle a pour mesure l'arc de méridien, moindre qu'un quadrant, compris entre le lieu dont il s'agit et l'équateur. La latitude d'un point peut varier de 0 à 90° ; elle est *boréale* ou *australe* suivant que ce point appartient à l'hémisphère boréal ou austral.

La *longitude* d'un lieu est l'angle dièdre formé par le méridien de ce lieu avec le premier méridien ; cet angle a pour mesure l'arc d'équateur compris entre les deux méridiens. La longitude se compte, à partir du premier méridien, dans les deux sens opposés, depuis 0 jusqu'à 180° ; elle est *orientale* ou *occidentale*, suivant que le point considéré est à l'orient ou à l'occident de ce premier méridien. Autrefois, le premier méridien était celui de l'île de Fer, la plus occidentale des Canaries ; aujourd'hui chaque peuple prend pour premier méridien celui de son observatoire principal : en France, c'est celui de Paris ; en Angleterre, celui de Greenwich, etc. Bien que cette diversité n'offre pas de grands inconvénients, il serait à désirer que les peuples s'entendissent pour compter les longitudes à partir du même méridien.

PROPOSITION 3.

Problème. — *Déterminer la longitude d'un lieu.*

Observons d'abord qu'en vertu du mouvement diurne, un point quelconque de la sphère céleste doit traverser successivement tous les plans méridiens des différents lieux de la terre, et parcourir avec une vitesse constante 360° en 24 heures, c'est-à-dire 15° en 1 heure, 15′ en 1 minute. D'après cela, si un pays se trouve situé à 15° ou 15′ de longitude occidentale, un point quelconque du ciel passera dans le méridien de ce pays une heure ou une minute après qu'il aura passé dans le premier méridien, et si un pays se trouve situé à 15° ou 15′ de longitude orientale, le même point du ciel passera dans le méridien de ce pays une heure ou une minute avant de passer dans le premier méridien ; par conséquent, si l'on note l'heure sidérale à laquelle un même point du ciel passe dans le premier méridien et dans le méridien d'un pays, si l'on prend ensuite la différence de ces heures et si l'on convertit la différence en degrés en la multipliant par 15, le produit exprimera la longitude de ce pays.

Plusieurs procédés peuvent être employés pour trouver la

3

différence des heures auxquelles un même point du ciel passe dans le premier méridien et dans le méridien d'un pays.

Procédé des chronomètres portatifs. — Un voyageur se dirige vers le pays dont on veut connaître la longitude, emportant avec lui un bon chronomètre sidéral. Quand il arrive à l'endroit désigné, il compare l'heure de son chronomètre à celle d'une horloge sidérale bien réglée dans le pays : admettons qu'il trouve sur son chronomètre une avance de 3 heures 7 minutes ; il en déduit immédiatement, en multipliant par 15, que la longitude de ce pays est occidentale et de 46° 45′.

On comprend, puisqu'il s'agit d'estimer une différence d'heures, qu'il n'est pas nécessaire que les chronomètres soient réglés sur le passage au méridien du point choisi pour origine du jour sidéral : il suffit qu'ils soient réglés tous deux sur le passage au méridien du même point de la sphère céleste, sur le passage de la même étoile, par exemple ; on peut même se servir des montres ordinaires qui sont réglées sur le passage au méridien d'un astre tout à fait idéal, qu'on nomme le *soleil moyen.*

Il est bon, dans tous les cas, d'emporter plusieurs chronomètres, afin de contrôler les résultats les uns par les autres. C'est ainsi qu'en 1843, l'empereur de Russie fit déterminer la longitude de son nouvel observatoire de Pulkowa, par rapport à celui de Greenwich, au moyen de 68 chronomètres que l'on transporta d'un lieu à l'autre, et qui restèrent constamment d'accord.

Procédé électrique. — Le procédé électrique suppose qu'il existe un télégraphe électrique qui mette en communication l'observatoire du premier méridien avec le lieu dont on cherche la longitude. La transmission d'un signe par la voie électrique pouvant être considérée comme instantanée, rien ne sera plus aisé que de savoir, au même instant et à l'instant qu'on voudra, l'heure qu'il est dans ce lieu et l'heure

qu'il est à l'observatoire du premier méridien : cette différence étant connue, on pourra en déduire la longitude du
pays.

Procédé des signaux. — Avant l'invention du télégraphe
électrique, on se servait de feux ou signaux qu'on faisait paraître pendant la nuit au milieu des airs à un moment convenu, et qui étaient observés simultanément par deux spectateurs ; l'un des spectateurs était placé dans le premier
méridien, l'autre dans le pays dont on voulait savoir la longitude ; chacun prenait note, sur une pendule réglée dans le
pays, de l'heure à laquelle il avait aperçu le signal et la différence des heures faisait connaître la longitude.

Quand les deux stations étaient trop éloignées pour qu'on
pût apercevoir le même signal de l'une et de l'autre, on rem-
plaçait le signal par un phénomène astronomique désigné
d'avance, ou bien, l'on établissait entre les deux stations principales plusieurs autres stations secondaires, entre lesquelles
on exécutait une opération du même genre que la précédente.

Le procédé des signaux, n'offrant aucun avantage sur le
procédé électrique, est maintenant à peu près abandonné.

Remarque.—Deux conséquences résultant de la différence
d'heures des pays qui n'ont pas la même longitude méritent
d'être signalées. Premièrement, si deux villes dont les longitudes sont différentes, sont unies par un télégraphe électrique, comme Paris et Bordeaux, par exemple, il arrivera
qu'une dépêche transmise de Paris à midi, sera reçue à Bordeaux quelques minutes avant midi. S'il y avait un fil électrique
établi de Paris à Péking, on recevrait à 5 heures du matin, à
Paris, les nouvelles parties le même jour à midi de la capitale
de l'empire chinois. Secondement, l'heure d'un chemin de fer
dont le point de départ est à Paris est la même sur toute la ligne française que l'heure de Paris ; il en résulte nécessaire-

ment une discordance entre l'heure des chemins de fer et l'heure de toutes les villes que ces chemins traversent, excepté celles qui se trouvent sur le méridien de Paris.

PROPOSITION 4.

Problème. — *Déterminer la latitude d'un lieu.*

Supposons que le point A (*fig.* 16) représente un lieu à la surface de la terre, que le cercle AEE′ soit le méridien de ce lieu, OA sa verticale et AP la direction dans laquelle on aperçoit de ce lieu le pôle visible dans le ciel. Cette droite AP est parallèle à l'axe du monde PP′ et, par suite, perpendiculaire au diamètre EE′ qui représente la trace de l'équateur sur le méridien de ce lieu. Or, la latitude du point A n'est autre chose, par définition, que l'angle AOE, et l'angle AOE est égal à l'angle PAH, car ces deux angles ont leurs côtés perpendiculaires chacun à chacun ; mais l'angle PAH est la hauteur du pôle au-dessus de l'horizon ; donc, pour avoir la latitude d'un lieu, il suffit de mesurer la hauteur du pôle au-dessus de l'horizon de ce lieu.

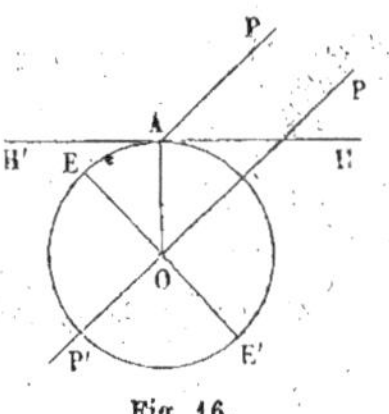

Fig 16.

Sur terre, cette mesure s'exécute, comme nous l'avons vu, avec le cercle mural, et reste ordinairement marquée sur l'appareil ; en mer, la latitude se détermine à l'aide d'un instrument tout différent, qu'on nomme *sextant*.

CHAPITRE II

Dimensions et forme exacte de la terre.

DÉFINITION.

DEGRÉ DE MÉRIDIEN.—Nous avons dit que, dans l'hypothèse où la terre est sphérique, les méridiens terrestres sont des grands cercles déterminés sur la surface de la terre par des plans passant par l'axe du monde; dans cette hypothèse, un degré de méridien n'est autre chose que la 360ᵉ partie de la circonférence entière. D'une manière plus générale et quelle que soit la figure du méridien, nous pouvons définir un *degré de méridien*, un arc tel que les verticales menées à ses deux extrémités forment un angle de 1°. Cette définition, qui ne préjuge rien sur la forme exacte de la terre, peut s'étendre à un arc de 2°, de 3°, etc.; comme la définition de la latitude d'un lieu ne dépend pas non plus de la forme exacte de la terre, il en résulte qu'on pourra toujours obtenir le nombre de degrés contenus dans un arc quelconque de méridien, en prenant la différence entre les latitudes des deux extrémités de cet arc, si elles sont dans le même hémisphère, et en faisant leur somme, dans le cas contraire.

PROPOSITION 1.

PROBLÈME. — *Mesurer la longueur d'un degré de méridien.*

Première solution. — La première mesure un peu certaine qui ait été faite d'un arc de méridien est due à Fernel, médecin et astronome du XVIᵉ siècle. Il mesura la distance comprise entre Paris et Amiens, en comptant le nombre des tours de roue de sa voiture; ces deux villes se trouvent à peu près sur le même méridien et leurs latitudes ne diffèrent que de 1° 3'. D'ailleurs, notre astronome s'arrêtait de compter lorsqu'il jugeait, d'après la hauteur du soleil, qu'il s'était avancé d'un degré vers le nord, ce qui lui permit d'obtenir directement la longueur d'un degré de méridien. Le chiffre de 57070 toises trouvé par lui ne diffère pas beaucoup de celui qu'ont fait connaître plus tard des procédés de mesure bien autrement rigoureux.

Deuxième solution. — La deuxième méthode, plus mathématique que la première, a été imaginée par Picard, géomètre du xvn° siècle; elle est connue sous le nom de *triangulation.* Rappelons-nous d'abord que la direction du méridien en un lieu peut être déterminée au moyen du théodolite, si l'on dispose l'appareil de telle sorte que le plan vertical décrit par la lunette coïncide avec le plan méridien de l'observateur; supposons ensuite qu'on ait *tracé* par ce moyen un arc quelconque de méridien et soit AA' (*fig.* 17) cet arc dont on se propose d'évaluer la longueur. On commence par déterminer, à partir du point A, une base horizontale AB que l'on mesure très-exactement, puis on choisit

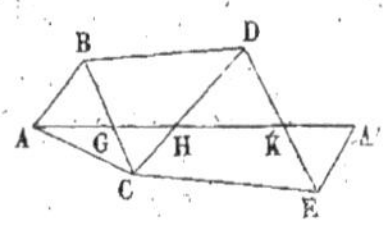

Fig. 17.

les points C, D, E, de telle sorte que de chacun d'eux on puisse voir les autres, ces points étant d'ailleurs situés alternativement d'un côté et de l'autre du méridien AB. Cela fait, on les relie entre eux par des droites, de manière à former les triangles ABC, BCD, CDE, et l'on mesure les angles de ces triangles : la connaissance de ces angles et de la base AB permettra de résoudre le triangle ABC, et, par suite, les deux autres triangles BCD, CDE; le résultat de ce calcul donnera la longueur des côtés de ces triangles, savoir : AC, BC, BD, CD, CE, DE.

Observons maintenant que, dans le triangle ABG, on con-

naît le côté AB ainsi que l'angle ABG ; on peut d'ailleurs mesurer l'angle BAG ; par conséquent, on pourra résoudre le
triangle ABG et trouver ainsi la longueur du segment AG.
On pourra, de même, résoudre le triangle GCH, car le côté
CG est la différence entre BC et BG, l'angle GCH est connu
et l'angle CGH est égal à AGB qui lui est opposé par le sommet ; en résolvant ce triangle, on trouvera la longueur du
segment GH. Le calcul, continué de la sorte, donnera successivement la longueur de tous les segments de l'arc AA',
et, si l'on observe que, d'après la nature même des opérations géodésiques d'une semblable triangulation, les triangles
qu'on est obligé de résoudre ne sont pas ceux de l'espace,
mais bien leurs projections sur la surface de la terre, on voit
que la somme des segments AG, GH, HK et KA', qu'on a
calculés, est précisément la longueur de l'arc AA' de méridien
qu'on se proposait de mesurer.

Pour avoir la longueur d'un degré de méridien, il reste à
chercher, comme on l'a dit, le nombre de degrés contenus
dans l'arc AA' au moyen de la latitude des deux extrémités,
et à diviser la longueur totale de cet arc par le nombre de
degrés trouvé ; le quotient peut être regardé comme la longueur moyenne d'un degré de méridien entre les deux stations extrêmes.

En appliquant ce procédé avec toutes les précautions dési-
rables, Picard a trouvé qu'un degré de méridien, à Paris,
est de 57060 toises.

Corollaire I. — *Déterminer la longueur du rayon de
la terre.*

La terre étant supposée sphérique et le degré d'un grand
cercle de cette sphère valant 57060 toises, d'après Picard,
la circonférence vaudra 360 fois plus, c'est-à-dire 20538000
toises ; quant au rayon, on l'obtiendra en divisant la circonférence par le double du nombre π : le quotient effectué donne

3266100 toises pour la longueur du rayon terrestre.

Corollaire II. — *Déterminer la longueur du mètre.*

Le mètre est, par convention, la dix-millionième partie du quart d'un méridien terrestre; ce quart équivaut à 5134500 toises, et, par suite, le mètre à $0^r,51345$.

PROPOSITION 2.

Théorème. — *La forme exacte de la terre n'est pas celle d'une sphère.*

En effet, si la forme exacte de la terre est celle d'une sphère, tous les méridiens doivent être des circonférences égales entre elles; un degré de méridien doit donc avoir la même longueur, quel que soit le méridien et quelle que soit la partie de méridien sur laquelle on opère la triangulation. Or, en appliquant cette méthode aux différents endroits du globe et à diverses reprises, les géomètres ont trouvé des résultats dont la discordance ne peut pas être attribuée aux erreurs qui accompagnent nécessairement ces sortes d'opérations; voici les principaux de ces résultats :

$$\textit{Degré de méridien} \begin{cases} \text{au Pérou} & \text{56750 toises} \\ \text{en France} & \text{57060 toises} \\ \text{en Laponie} & \text{57442 toises} \end{cases}$$

Il en résulte que la forme exacte de la terre n'est pas celle d'une sphère.

DÉFINITION.

Courbure d'une ligne. — On appelle *angle de contingence,* en un point donné d'une ligne, l'angle formé par les deux normales menées aux extrémités d'un très-petit arc, compté à partir de ce point, et l'on dit que la *courbure d'une ligne* en un point est d'autant plus grande que l'angle de contingence en ce point est plus grand.

Pour comparer la courbure d'une ligne en deux points différents il suffit de prendre un très-petit arc de même longueur à partir de ces deux points et d'y construire l'angle de contingence; le rapport des angles de contingence fait connaître celui des courbures.

La courbure d'un cercle est la même en tous ses points; celle d'une ligne droite est évidemment nulle partout.

PROPOSITION 3.

THÉORÈME. — *La forme exacte de la terre est celle d'un sphéroïde aplati aux pôles et renflé à l'équateur.*

Soit ABA'B' (*fig.* 18) un méridien terrestre que je ne suppose pas circulaire. Admettons que l'arc AB représente un degré de ce méridien à l'équateur, et remarquons que la longueur d'un degré de ce méridien, d'après le théorème précédent, va en augmentant depuis l'équateur jusqu'au pôle. Si l'arc A'B', situé au pôle, a la même longueur que l'arc AB,

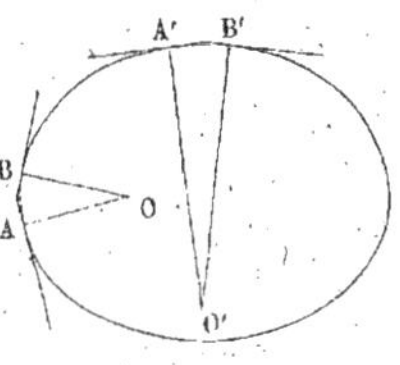

Fig. 18.

cet arc A'B' devra contenir un peu moins d'un degré; par conséquent, si l'on mène une tangente et une normale aux extrémités de chacun des arcs AB et A'B', l'angle de contingence AOB sera d'un degré, mais l'angle de contingence A'O'B' sera moindre qu'un degré; en d'autres termes, la courbure du méridien au point A est plus grande qu'au point A'.

Il résulte de là que la courbure des méridiens terrestres va en diminuant depuis l'équateur jusqu'au pôle; la forme exacte de la terre est donc celle d'un sphéroïde aplati aux pôles et renflé à l'équateur.

Remarque. — En soumettant à un calcul rigoureux les changements de courbure d'un méridien quelconque, depuis l'équateur jusqu'au pôle, et en les comparant à ceux d'un quadrant elliptique, on a trouvé que la forme des méridiens terrestres est identique à celle d'une ellipse, d'où l'on a pu conclure que le sphéroïde terrestre doit être assimilé à un *ellipsoïde de révolution aplati*. (On donne ce nom au volume engendré par une ellipse qui tourne autour de son petit axe.)

DÉFINITIONS.

 APLATISSEMENT DE LA TERRE. — La ligne droite qui joint les deux pôles dans le sphéroïde terrestre se nomme *diamètre polaire*, et toute perpendiculaire élevée au milieu de cette droite s'appelle *diamètre équatorial*. L'intersection de ces deux diamètres est le *centre* du sphéroïde terrestre, et les droites menées du centre à la surface sont des *rayons terrestres*. Les rayons terrestres vont évidemment en diminuant de l'équateur au pôle, et, vulgairement, quand on parle du rayon de la terre, on veut dire le *rayon moyen*, qu'on prend égal à 6366 kilomètres; cependant les astronomes, dans leurs calculs, conviennent de prendre toujours pour rayon de la terre la longueur du rayon équatorial.

On entend par *aplatissement* de la terre le quotient qu'on obtient en divisant par le rayon équatorial la différence du rayon équatorial au rayon polaire.

PROPOSITION 4.

PROBLÈME. — *Donner une idée de l'aplatissement du sphéroïde terrestre.*

D'après les calculs les plus exacts, déduits de toutes les opérations comparées les unes aux autres, l'astronome Bessel a trouvé :

Pour le rayon équatorial....... 3272077 toises ou 6377 398mètres.
Pour le rayon polaire........... 3261129 toises ou 6356080 mètres.

La différence est de 21318 mètres, et, par suite, l'aplatissement de la terre est représenté par là fraction $\frac{21318}{6377398}$ ou $\frac{1}{299}$, avec une incertitude de 5 unités sur le dernier chiffre.

Cette fraction nous montre que si la terre était figurée par un globe de 299 centimètres de diamètre équatorial, il faudrait, pour que la figure fût exacte, que le diamètre polaire en eût 298 ; évidemment, il serait difficile de reconnaître l'aplatissement en comparant ce globe à un autre parfaitement sphérique et de même rayon. On peut donc, dans la plupart des applications, regarder le globe terrestre comme réellement sphérique.

Les inégalités des montagnes sont beaucoup moins sensibles encore ; en effet, la plus haute montagne du monde n'a pas 8 000 mètres au-dessus de la mer ; ce chiffre, comparé à celui de l'aplatissement, n'en est pas les $\frac{8}{21}$, de telle sorte que les plus hautes montagnes seraient représentées sur notre globe de 3 mètres de largeur par une petite proéminence de $\frac{8}{21}$ de centimètre. Les inégalités des montagnes sont donc relativement beaucoup moins sensibles à la surface du globe que les rugosités de la peau d'une orange.

CHAPITRE III

Construction d'un globe terrestre. Cartes géographiques.

DÉFINITIONS.

GLOBES TERRESTRES. CARTES GÉOGRAPHIQUES. — Si l'on marque sur une sphère en bois, en carton ou en métal la place que doit occuper chaque point remarquable de la terre, d'après sa longitude et sa latitude, et si l'on complète cette opération en dessinant chaque objet par des traits ou des couleurs de convention, on obtient une image de la terre qu'on nomme *globe terrestre*. Mais pour qu'un globe terrestre pût offrir le détail de tous les pays, il faudrait lui donner de très-grandes dimensions, ce qui l'empêcherait d'être portatif ; c'est pourquoi l'on a imaginé de représenter la surface terrestre par des dessins exécutés sur des feuilles planes, qu'on appelle *cartes géographiques*. Si toute la terre y est représentée, c'est une *mappemonde* ou un *planisphère* ; s'il n'y a qu'un seul pays, c'est une *carte particulière*.

Dans tous les cas, ce ne sont pas les positions exactes des divers lieux qui sont marquées sur une carte géographique ; la chose est impossible. Une carte ne contient que la projection des différents points du globe faite sur un plan d'après une convention déterminée.

PROPOSITION 1.

PROBLÈME. — *Construire une mappemonde.*

Pour construire une mappemonde on convient de tracer sur le plan qui sert de base à un hémisphère terrestre la figure qu'offriraient tous les pays de cet hémisphère à l'œil d'un spectateur placé à une certaine distance de ce plan.

Projection orthographique. — Dans ce système, le plan de la carte est le premier méridien ou l'équateur, et le point de vue est très-éloigné de ce plan, de telle sorte qu'il suffit, pour avoir la projection orthographique d'un point quelconque de l'hémisphère, d'abaisser de ce point une perpendiculaire sur le plan de la carte.

1° Si le plan de la carte est le premier méridien, les points de ce méridien se projettent sur une circonférence de cercle PEP'E' (*fig.* 19); le méridien PBP' qui est perpendiculaire au premier et l'équateur EBE', qui lui est aussi perpendiculaire, se projettent suivant deux diamètres PP' et EE' perpendiculaires entre eux. Les parallèles se projetteront suivant des lignes droites, telles que A'A''', parallèles à la projection de l'équateur. Quant aux autres méridiens, comme ce sont des cercles obliques au plan de la carte,

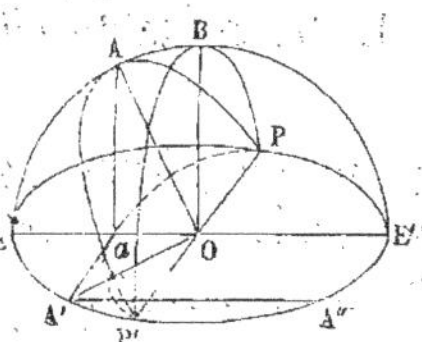

Fig. 19.

ils se projetteront suivant des courbes elliptiques : soit, par exemple, le méridien PAP'; sa projection sera une ellipse PaP', ayant pour grand axe PP', et pour petit axe la projection Oa du rayon OA, ou, ce qui revient au même, celle du rayon OA' qui fait sur la carte un angle A'OE égal à AOE, longitude du point A.

La figure de l'hémisphère sera tout entière comprise dans le cercle du premier méridien qui sert de base à la construction, et la position de chaque point sera fixée, comme sur un globe terrestre, d'après sa longitude marquée sur l'équateur et d'après sa latitude marquée sur le premier méridien.

Pour avoir sur la carte les deux hémisphères, il faudra deux constructions analogues à la précédente.

2° Si le plan de la carte est l'équateur, l'équateur sera représenté par un cercle EBE'B' (*fig.* 20); le pôle visible P, par un point O placé au centre; un méridien quelconque BPB',

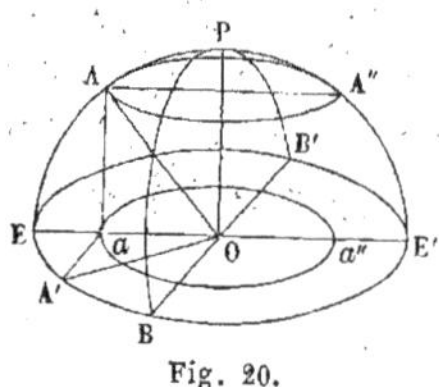

par un diamètre BB' du premier cercle; un parallèle AA″, par un cercle concentrique au premier ayant pour rayon la projection O*a* du rayon OA, ou, ce qui revient au même, celle du rayon OA′ qui fait sur la carte un angle A′OE égal à AOE, latitude du point A.

Fig. 20.

La figure de l'hémisphère sera tout entière comprise dans le cercle de l'équateur qui sert de base à la construction, et la position de chaque point sera encore fixée, comme sur un globe terrestre, d'après sa longitude marquée sur l'équateur et d'après sa latitude marquée sur un méridien.

Pour avoir les deux hémisphères sur la carte, il faudra deux constructions analogues à la précédente.

Remarquons qu'une mappemonde construite par ce système, quel que soit le plan de cette carte, n'offre pas une image exacte de l'hémisphère qu'elle représente; les bords y sont vus en raccourci, ce qui n'a pas lieu du tout pour le centre, et ce qui n'a lieu qu'en partie pour les régions intermédiaires.

Projection stéréographique.— Dans ce système, on choisit pour plan de la carte le grand cercle ECE'C' (*fig.* 21) qui sert

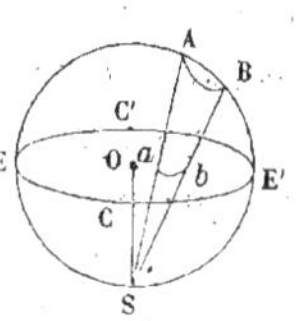

de base à l'hémisphère, et on suppose que l'œil du spectateur est placé de l'autre côté à l'extrémité du rayon OS qui est perpendiculaire au plan de la carte. La projection d'un point quelconque A est le point *a* où la droite AS perce le plan de la carte; celle de B est *b*, et celle de l'hémisphère entier sera

Fig. 21.

comprise dans l'intérieur du cercle ECE'C'. Dans ce système, la projection de l'hémisphère est un peu moins déformée que dans les deux modes de représentation qui précèdent, en ce sens que, *les lignes circulaires conservent leur forme circulaire, les angles leur grandeur et les petites figures leur ressemblance;* mais les diverses parties de la carte subissent progressivement de la circonférence au centre une réduction qui est, au centre même, le double de ce qu'elle est sur les bords : l'image est encore très-imparfaite.

PROPOSITION 2.

PROBLÈME. — *Construire la carte particulière d'un pays.*

Lorsqu'on veut avoir l'image fidèle d'une contrée, on construit sa carte particulière; la convention qu'on fait alors n'a point de rapport avec celle qu'on fait pour la construction d'une mappemonde. Voici le système employé par les ingénieurs français pour la construction de la carte de France, au Ministère de la Guerre.

On suppose qu'on a mené par le milieu de la contrée une tangente au méridien qui y passe; cette tangente va couper l'axe de la terre en un point. Connaissant alors la latitude du milieu de la contrée, et tenant compte de la forme exacte du sphéroïde terrestre, on peut calculer la longueur de cette tangente. On réduit ensuite cette longueur d'après une échelle convenue (celle de la carte de France est $\frac{1}{40000}$), et, prenant cette longueur réduite SC pour rayon (*fig.* 22), on décrit du point S comme centre un arc de cercle; cet arc AB représente le parallèle et la droite SC le méridien du milieu de la contrée.

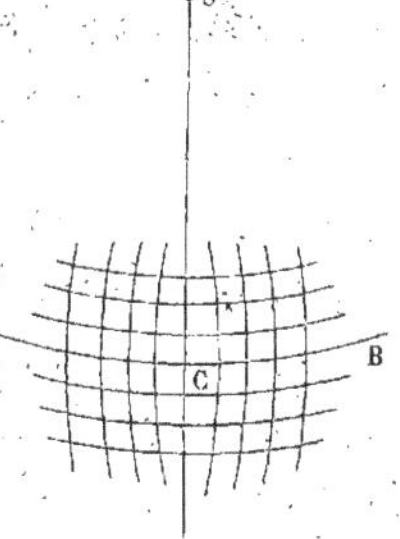

Fig. 22.

Pour construire les autres parallèles, on porte sur la droite SC et à partir du point C, des longueurs égales aux arcs de latitude des différents points du pays, ces arcs étant rapportés au parallèle du point C et réduits d'après la même échelle; puis, on décrit du point S comme centre autant d'arcs de cercle concentriques; ces arcs représentent les parallèles.

Pour construire les autres méridiens, on porte sur chaque parallèle des longueurs égales aux arcs de longitude des différents points du pays, ces arcs étant rapportés au méridien du point C et réduits d'après la même échelle; joignant alors par une ligne les points correspondants à la même longitude, lesquels doivent être assez rapprochés, on obtient les méridiens.

Le canevas de la carte étant ainsi construit, la position de chaque lieu remarquable est aisément déterminée et le dessin peut s'achever d'après les conventions ordinaires.

Ce système de développement donne des résultats très-satisfaisants. Premièrement, il n'y a pas de déformation sensible dans les parties de la carte qui avoisinent le méridien moyen. Secondement, l'étendue des surfaces ne se trouve pas altérée, car, si l'on considère sur la sphère une partie comprise entre deux méridiens et deux parallèles assez rapprochés pour qu'on puisse la regarder comme plane et rectangulaire, il est clair que ce rectangle, d'après le mode de construction employé, sera représenté sur la carte par un quadrilatère qui différera très-peu d'un rectangle ayant même base et même hauteur que le premier.

PROPOSITION 3.

Problème. — *Construire une carte marine.*

Le système adopté pour la construction des cartes marines est dû à *Mercator*. Dans ce système les méridiens sont représentés sur la carte par des droites parallèles séparées par les distances mêmes qui séparent, à l'équateur, les méridiens terrestres : ce sont les lignes qu'on obtiendrait si l'on avait circonscrit un cylindre à la terre le long de l'équateur, si l'on avait ensuite coupé ce cylindre par les plans des méridiens terrestres et développé le tout sur un plan. Quant aux parallèles, ils sont aussi représentés par une série de droites parallèles, perpendiculaires aux méridiens ; mais leurs distances à l'équateur ne sont pas proportionnelles à leurs latitudes ; ces distances sont calculées de telle sorte que *deux lignes quelconques tracées sur la carte se coupent sous le même angle que les deux courbes qu'elles représentent sur la sphère.*

Voici l'avantage que présente le système de Mercator dans la construction des cartes marines. La boussole d'un vaisseau indique, à chaque instant, la direction du méridien que l'on traverse, et, par suite, celle du vaisseau. Si les marins voulaient suivre le chemin le plus court, pour aller d'un point à un autre, c'est-à-dire l'arc de grand cercle qui joint ces deux points, comme cet arc fait des angles différents avec les différents méridiens, il faudrait calculer ces angles à l'avance, et, si le vaisseau s'éloignait un peu de sa route, recommencer un nouveau calcul pour déterminer la nouvelle route du navire. Mais les marins, au lieu de suivre l'arc de grand cercle qui unit les deux points, suivent la courbe qui coupe tous les méridiens sous le même angle, et, sur une carte marine, cette courbe n'est autre chose qu'une ligne droite, puisque tous les méridiens sont des droites parallèles. Il suffira donc de joindre sur la carte le point de départ au point d'arrivée par une droite et de mesurer, une fois pour toutes, l'angle sous lequel cette droite coupe tous les méridiens ; c'est cet angle qui, indiqué au pilote, règle la marche constante du vaisseau. De temps à autre cependant, il est bon de déterminer sur la carte la position où l'on se trouve et de chercher, lorsqu'on s'est écarté de la ligne droite, le nouvel angle régulateur.

La ligne droite qui va d'un point à un autre sur une carte

marine, représente une courbe spirale sur la terre, qu'on nomme *loxodromie*.

QUESTIONS.

Comment peut-on s'orienter la nuit sur la terre, d'après l'inspection des étoiles?

Décrire le phénomène du mouvement diurne pour un habitant des régions polaires ou équatoriales.

Indiquer la série d'opérations qu'il faut effectuer sur une sphère pour en former un globe terrestre.

Sachant que l'ascension droite d'une étoile est de 43°, 52′, à quelle heure d'une horloge sidérale bien réglée, doit-on l'attendre dans le plan méridien?

Déterminer l'heure qu'il est à Paris quand il est midi précis à Lyon, sachant que la longitude de cette dernière ville est orientale et de 2° 29′.

Calculer le rayon de la terre, supposée sphérique, connaissant la dépression α de l'horizon qui correspond à une hauteur donnée h au-dessus du sol.

Appliquer la formule trouvée au cas suivant : $h = 75^m, \alpha = 15′30″$. (On trouve : $R = 7378$ kilomètres.)

LIVRE III

DU SOLEIL

CHAPITRE PREMIER

**Théorie des mouvements du soleil.
Mouvement diurne et mouvement propre du soleil.**

PROPOSITION 1.

THÉORÈME. — *Le soleil prend part au mouvement diurne de la sphère céleste.*

En effet, on le voit chaque jour, du côté de l'orient, se lever sur l'horizon comme les étoiles, monter comme elles dans le ciel jusqu'à une certaine hauteur et se coucher ensuite à l'occident ; donc, le soleil prend part au mouvement diurne de la sphère céleste.

Remarque. — Le mouvement diurne du soleil peut être considéré comme une apparence résultant du mouvement réel de rotation de la terre.

PROPOSITION 2.

THÉORÈME. — *Le soleil est animé d'un mouvement propre, direct et annuel sur la sphère céleste.*

En effet, si l'on observe le soleil plusieurs jours de suite, on ne tarde pas à reconnaître une différence essentielle entre la marche quotidienne du soleil et celle des étoiles.

1° Tandis que celles-ci paraissent chaque jour au même point de l'orient, s'élèvent dans le ciel à la même hauteur et disparaissent au même point de l'occident, le soleil ne se lève pas deux fois de suite au même point de l'orient, et sa culmination varie continuellement, de manière à être tantôt plus grande et tantôt plus petite. Le soleil a donc sur la sphère céleste un mouvement *en déclinaison*.

2° Si un certain jour, peu de temps après le coucher du soleil, on a remarqué à l'orient une belle constellation près de l'horizon, on ne la voit plus, au bout de quelque temps, paraître sur l'horizon au moment où le soleil se couche ; elle se montre alors à une certaine hauteur, et au bout d'un temps double, à une hauteur un peu plus grande ; ce n'est qu'après les douze mois de l'année qu'on la retrouve comme le premier jour de l'observation. Le soleil a donc un mouvement direct *en ascension droite* sur la sphère céleste.

De ces deux mouvements en déclinaison et en ascension droite résulte nécessairement pour le soleil un mouvement particulier, qui s'accomplit dans le sens direct et dans le cours de l'année : c'est ce qu'on exprime en disant que le soleil est animé d'un mouvement propre, direct et annuel sur la sphère céleste.

DÉFINITIONS.

ASCENSION DROITE ET DÉCLINAISON DU SOLEIL. — Le soleil n'apparaît pas comme un simple point brillant sur la sphère céleste, mais bien sous la forme d'un disque lumineux d'une certaine largeur ; on est convenu de désigner la position du soleil par celle de son centre.

Pour trouver la déclinaison du centre du soleil, il suffira de chercher successivement la D du bord inférieur, la D du bord supérieur et de prendre la moyenne arithmétique de ces deux déclinaisons. De même, pour trouver son ascension droite, on cherchera l'Æ du bord occidental, l'Æ du bord oriental et on prendra la moyenne arithmétique de ces deux ascensions droites.

L'Æ et la D du centre du soleil déterminent la position de ce point sur la sphère céleste et, par suite, celle du soleil.

PROPOSITION 3.

THÉORÈME. — *Le soleil, dans son mouvement propre, décrit sur la sphère céleste un grand cercle incliné à l'équateur.*

En effet, si l'on marque sur un globe céleste le point qui doit représenter la place du soleil, d'après son ascension droite et sa déclinaison observées et notées comme nous l'avons dit, chaque jour de l'année, si l'on trace ensuite le cercle de la sphère déterminé par trois des points qu'on aura marqués, on trouve que ce cercle passe aussi par tous les autres points et que ce cercle est un grand cercle incliné à l'équateur ; donc le soleil, dans son mouvement propre, décrit sur la sphère céleste un grand cercle incliné à l'équateur.

COROLLAIRE. — *La courbe décrite par le soleil, dans son mouvement propre, est plane.*

DÉFINITIONS.

ÉCLIPTIQUE. — Le grand cercle de la sphère céleste que le soleil décrit, dans son mouvement propre, se nomme *l'écliptique*. Le cercle de l'écliptique BβCγ (*fig.* 23) et le cercle de l'équateur EβE'γ se coupent suivant un diamètre de la sphère céleste ; les extrémités de ce diamètre βγ sont dites *points équinoxiaux* ou *équinoxes*, et les extrémités du diamètre BC perpendiculaire au premier dans le plan de l'écliptique, *points solsticiaux* ou *solstices*.

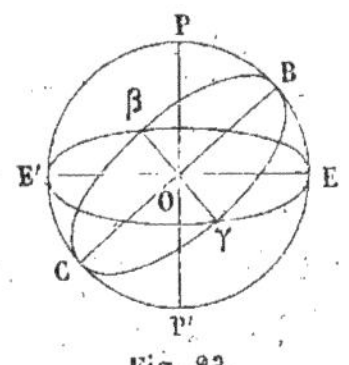

Fig. 23.

Obliquité de l'écliptique. — Le plan de l'écliptique forme avec le plan de l'équateur un angle dièdre qu'on appelle l'*obliquité de l'écliptique*. En supposant que le cercle BEP'E' soit le cercle de déclinaison d'un solstice B, on reconnaît immédiatement que l'obliquité de l'écliptique a pour mesure l'arc BE et que l'arc BE n'est autre chose que la plus grande valeur de la D du soleil ; cette valeur est égale à 23° 27'.

N'oublions pas, du reste, que la sphère céleste est une sphère tout à fait idéale et que l'écliptique ne doit pas être confondue avec le lieu des positions que le soleil prend dans l'espace, en vertu de son mouvement propre ; ce lieu se nomme particulièrement l'*orbite du soleil*.

Constellations zodiacales. — Le soleil décrivant chaque année le même cercle de la sphère céleste doit passer chaque année à travers les mêmes constellations. Ces constellations déterminent sur la sphère céleste une zone de 17 degrés de largeur, qu'on nomme *zodiaque* et qui est coupée en son milieu par le cercle de l'écliptique. Voici leurs noms dans le sens où le soleil les parcourt : le *Bélier*, le *Taureau*, les *Gémeaux*, le *Cancer*, le *Lion*, la *Vierge*, la *Balance*, le *Scorpion*, le *Sagittaire*, le *Capricorne*, le *Verseau*, les *Poissons*.

Le poëte Ausone a résumé ces douze noms en deux vers latins :

> Sunt Aries, Taurus, Gemini, Cancer, Leo, Virgo,
> Libraque, Scorpius, Arcitenens, Caper, Amphora, Pisces.

Chacune de ces constellations occupe une place, qui est à peu près la douzième partie du zodiaque et qu'on appelle un *signe du zodiaque*.

Diamètre apparent du soleil. — Nous appellerons *diamètre apparent* du soleil la distance angulaire de deux bords opposés de cet astre. Pour mesurer le diamètre apparent du soleil, il suffit évidemment de déterminer la distance zénithale du bord inférieur, celle du bord supérieur et de prendre la différence des deux.

PROPOSITION 4.

THÉORÈME. — *La distance d'un astre varie en raison inverse de son diamètre apparent.*

Soit un même astre vu à deux distances différentes OA et O′A′ (*fig.* 24); les deux angles O et O′ étant très-petits, on peut considérer les deux cordes AB, A′B′ comme confondues avec les arcs AB, A′B′. Or, on a, d'après un théorème connu de géométrie :

$$\text{arc AB} = \frac{\pi \times \text{OA} \times d}{180} \text{ et arc A′B′} = \frac{\pi \times \text{O′A′} \times d'}{180},$$

d et d' désignant les deux diamètres apparents de l'astre qui correspondent aux distances OA et O′A′. Si l'on égale ces deux expressions de la largeur réelle de l'astre, on trouve, en simplifiant :

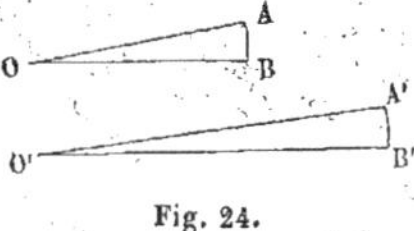

Fig. 24.

$$\text{OA} \times d = \text{O′A′} \times d' \text{ ou } \frac{d}{d'} = \frac{\text{O′A′}}{\text{OA}}.$$

Or, cette proportion exprime précisément que les deux distances de l'astre sont inversement proportionnelles aux diamètres apparents qui leur correspondent; donc, la distance d'un astre varie en raison inverse de son diamètre apparent.

PROPOSITION 5.

THÉORÈME. — *L'orbite du soleil est une ellipse dont la terre occupe un foyer.*

En effet, si l'on détermine le diamètre apparent du soleil

tous les jours d'une année, et si l'on note les résultats, voici ce qu'on observe :

Vers le 1ᵉʳ janvier, le diamètre apparent du soleil est de 32′ 35″, 5 ; c'est la plus grande valeur qu'il atteigne dans l'espace d'un an. A partir du 1ᵉʳ janvier jusqu'au commencement de juillet, le diamètre apparent du soleil diminue continuellement ; il passe alors par la valeur minimum de 31′ 30″, 9, puis augmente jusqu'à ce qu'il ait atteint sa valeur maximum, pour recommencer à décroître, et ainsi de suite.

Il en résulte d'abord que la distance du soleil à la terre, minimum le 1ᵉʳ janvier et maximum le 1ᵉʳ juillet, change continuellement dans le cours de l'année, et, par suite, que l'orbite du soleil n'est pas un cercle ayant la terre à son centre.

Supposons ensuite qu'on marque sur un globe céleste, comme on l'a déjà dit, les positions successives du soleil observé tous les ours de l'année et qu'on note en même temps le diamètre apparent qui correspond à chaque observation ; si l'on décrit sur un plan un cercle de même rayon que le globe et si l'on porte sur la circonférence de ce cercle des arcs SS′, S′S″, etc. (*fig.* 25), respectivement égaux à ceux qui sont

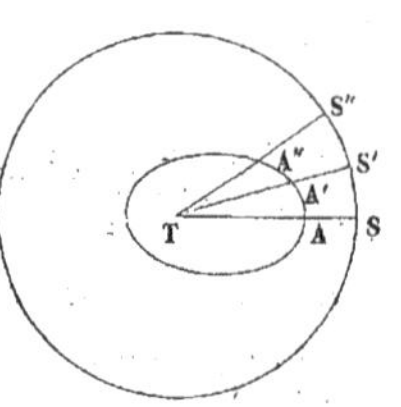

Fig. 25.

figurés sur le globe, les points S, S′, S″… représenteront les positions que prend le soleil tous les jours de l'année sur le cercle de l'écliptique, à 24 heures sidérales d'intervalle. Joignons maintenant les points S, S′, S″…. au centre T, et prenons sur le rayon TS une longueur arbitraire TA pour représenter la distance de la terre au soleil le premier jour des observations ; il suffira, pour trouver la longueur TA′ qui doit représenter la distance de la terre au soleil le second jour, de recourir à la proportion suivante.

$$\frac{\mathrm{TA'}}{\mathrm{TA}} = \frac{d}{d'},$$

dans laquelle d et d' désignent les diamètres apparents du soleil observés le premier et le second jour. On obtiendra de même la longueur TA'' et toutes celles qui doivent représenter la distance du soleil à la terre les jours suivants. Or, si l'on trace l'ellipse déterminée par cinq des points qu'on aura marqués, on reconnaît que cette ellipse passe aussi par tous les autres points et qu'elle a pour foyer le point T.

Donc, l'orbite du soleil est une ellipse dont la terre occupe un foyer.

DÉFINITIONS.

Apogée. Périgée. Distance moyenne. — D'après ce qui précède, il y a un point de l'orbite solaire qui est plus rapproché de la terre que tous les autres ; il se nomme *périgée*. Il y en a aussi un qui est plus éloigné de la terre que tous les autres ; c'est l'*apogée*. La ligne qui joint l'apogée au périgée, s'appelle *ligne des apsides;* cette ligne se confond évidemment avec le grand axe de l'orbite solaire.

On désigne par *distance moyenne* du soleil à la terre, la demi-somme des distances maximum et minimum, c'est-à-dire le demi-grand axe de l'orbite solaire ; à cette distance moyenne correspond à peu près le diamètre apparent moyen du soleil, qui est de 32′ 6″ 4.

Vitesse angulaire. — On appelle *vitesse angulaire* du soleil, à un jour donné, l'angle des deux rayons visuels menés au centre du soleil ce jour-là et 24 heures sidérales après ; cet angle a pour mesure l'arc d'écliptique décrit par le soleil dans l'espace d'un jour sidéral, et pour le déterminer, il suffit de faire la double construction sphérique et plane indiquée précédemment (*fig.* 25); l'angle STS′ est la vitesse angulaire du premier jour; l'angle STS″ celle du second jour, et ainsi de suite. Cette vitesse angulaire est variable.

On peut aussi remplacer la construction graphique précédente par un calcul de trigonométrie sphérique et arriver par ce moyen, mais avec une précision bien supérieure, aux mêmes résultats. Or, si l'on compare les valeurs correspondantes de la vitesse angulaire du soleil et de son diamètre apparent, on reconnaît d'abord que ces deux éléments croissent et décroissent ensemble, et que leurs maximums ont lieu à la même époque, ainsi que leurs minimums ; néanmoins ces deux éléments ne sont pas proportionnels l'un à l'autre ; la comparaison attentive de leurs valeurs a prouvé que *la vitesse angulaire du soleil est proportionnelle au carré du diamètre apparent.*

On donne le nom de *rayon vecteur du soleil* à toute ligne menée du centre de la terre à celui du soleil ; ce rayon vecteur du soleil décrit dans le cours de l'année la surface entière de l'orbite solaire.

PROPOSITION 6.

THÉORÈME. — *Les aires décrites par le rayon vecteur du soleil sont proportionnelles aux temps employés à les décrire.*

Si l'on désigne, en effet, par v, d, r, la vitesse angulaire, le diamètre apparent et le rayon vecteur du soleil qui correspondent à un jour de l'année, et par v', d', r', les quantités analogues qui correspondent à un autre jour, on aura, d'une part, en vertu de ce qui précède :

$$\frac{v}{v'} = \frac{d^2}{d'^2},$$

et d'autre part (55, **Pr.** 4) :

$$\frac{d}{d'} = \frac{r'}{r}.$$

On en déduit immédiatement cette proportion :

$$\frac{v}{v'} = \frac{r'^2}{r^2},$$

d'où l'on tire l'égalité suivante :

$$v \times r^2 = v' \times r'^2 \text{ ou } v \times r \times \frac{r}{2} = v' \times r' \times \frac{r'}{2}.$$

Mais l'arc elliptique AB (*fig.* 26) que décrit le soleil pendant le premier jour peut évidemment, à cause de la petitesse de l'angle ATB, être considéré comme circulaire et ayant pour rayon r ; dès lors sa longueur est exprimée par le produit $v \times r$, et, par

Fig. 26.

suite, le premier membre de l'égalité n'est autre chose que l'expression de l'aire du secteur ATB. De même, le second membre n'est autre chose que l'expression de l'aire du secteur A'TB' ; par conséquent, les aires décrites par le rayon vecteur du soleil en deux temps égaux sont égales.

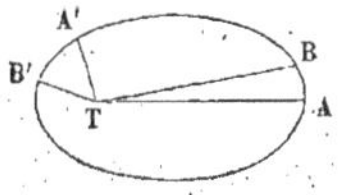

Il en résulte que les aires décrites par le rayon vecteur du soleil sont proportionnelles aux temps employés à les décrire.

Remarque. — Ce théorème important est connu sous le nom de PRINCIPE DES AIRES.

PROPOSITION 7.

THÉORÈME. — *Le mouvement propre du soleil peut être considéré comme une apparence résultant d'un mouvement réel de la terre autour du soleil.*

Admettons que le soleil soit immobile au point S (*fig.* 27) et que la terre décrive autour de lui dans le sens direct la courbe TT'T"... Lorsque la terre en mouvement sera venue de T en T', le soleil, qu'on voyait d'abord dans la direction TS au point s de la sphère céleste, sera vu

Fig. 27.

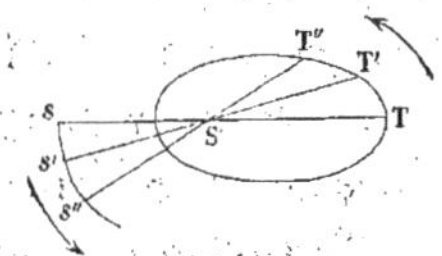

dans la direction T'S au point s', et, comme rien n'avertit le spectateur du mouvement qui l'emporte avec la terre, il croira que le soleil s'est déplacé dans la direction de l'arc ss', pendant que la terre se déplaçait elle-même sur l'arc TT' ; ces deux directions sont d'ailleurs de même sens. D'une manière analogue, on reconnaît que, si la terre va de T' en T'', le soleil paraîtra au spectateur placé sur la terre parcourir l'arc $s's''$, et ainsi de suite.

Quant à la vitesse angulaire, à la durée de ce mouvement apparent du soleil et à la forme de l'orbite, elles seront évidemment les mêmes que celles du mouvement réel de la terre ; par conséquent, si la terre décrit une ellipse, dans l'espace d'une année, avec une vitesse angulaire réglée sur le principe des aires, il en sera de même pour le soleil.

Donc, le mouvement propre du soleil peut être considéré comme une apparence résultant d'un mouvement réel de la terre autour du soleil.

Remarque. — C'est en comparant la petitesse de la terre aux dimensions de la sphère céleste (9) que nous avons été conduits à affirmer la réalité du mouvement de rotation de la terre, malgré le témoignage de nos yeux, et à considérer le mouvement diurne des étoiles et de toute la sphère céleste comme une pure illusion des sens. Une question analogue se présente maintenant pour le mouvement propre du soleil: le soleil tourne-t-il réellement autour de la terre dans l'espace d'une année en décrivant une ellipse immense dont celle-ci occupe un foyer, ou bien ce mouvement propre du soleil n'est-il qu'une apparence résultant d'un mouvement réel de la terre autour du soleil? La réponse est bien simple.

Le soleil, comme nous allons le voir, est un corps beaucoup plus gros que la terre et celle-ci est très-analogue aux planètes sous le rapport physique. Or, toutes les planètes tournent autour du soleil; si l'on admet que la terre tourne aussi autour du soleil, son analogie avec les autres planètes devient complète et le système solaire présente une extrême simplicité. Si l'on suppose au contraire, que la terre est immobile, on est obligé d'admettre que le soleil tourne autour d'elle et entraîne avec lui tout le cortége des planètes ; l'analogie est détruite, et le système solaire se complique singulièrement. La réalité du mouvement de la terre autour du soleil est donc très-vraisemblable.

De plus, nous avons reconnu que la parallaxe annuelle des étoiles n'est pas nulle pour toutes ; or, si la terre était immobile, la direction du rayon visuel mené de la terre à une même étoile ne pourrait pas changer à six mois d'intervalle. Puisque cette direction change, puisque la parallaxe annuelle des étoiles n'est pas nulle pour toutes, c'est que la terre a un mouvement de révolution autour du soleil ; elle *décrit effectivement en un an, avec une vitesse réglée sur le principe des aires, dans le sens direct, une ellipse dont le soleil occupe un foyer et qu'on nomme l'*orbite terrestre.

D'ailleurs, toutes les définitions que nous avons données dans l'hypothèse de la réalité du mouvement propre du soleil subsistent intégralement dans celle du mouvement de révolution de la terre, et, au point de vue des applications, ces deux mouvements peuvent être considérés comme équivalents.

DÉFINITION.

Origine des ascensions droites. — On appelle particulièrement *point équinoxial de printemps* celui des deux points équinoxiaux que le soleil quitte quand il passe de l'hémisphère austral dans l'hémisphère boréal. Ce point, dont rien de particulier n'indique la place sur la sphère céleste, ne peut pas s'observer directement dans le ciel ; néanmoins, comme les astronomes l'ont choisi pour *origine des ascensions droites* et pour *origine du jour sidéral*, il est important de connaître à chaque instant sa position exacte.

PROPOSITION 8.

PROBLÈME. — *Déterminer la position exacte du point équinoxial de printemps.*

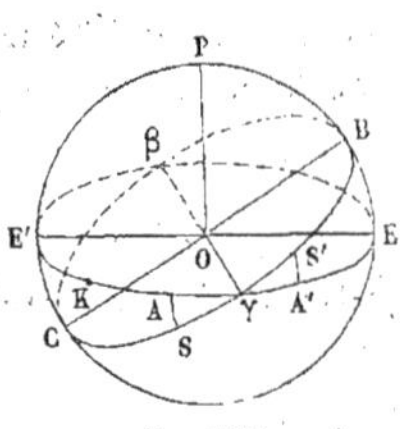

Supposons, pour fixer les idées, qu'il s'agisse de déterminer la position exacte du point équinoxial relativement au cercle de déclinaison de l'étoile α d'Andromède, que la lettre K (*fig.* 28) désigne le point où l'équateur est coupé par le cercle de déclinaison de cette étoile et les deux points S, S′, les positions sur l'écliptique que le soleil occupe deux jours de suite à midi, l'une dans l'hémisphère austral, l'autre dans l'hémisphère boréal. Les deux triangles ASγ et A′S′γ peuvent être considérés, à cause de leur petitesse, comme rectilignes; ils sont d'ailleurs rectangles l'un en A, l'autre en A′ et les angles AγS, A′γS′ sont égaux comme opposés par le sommet; ces deux triangles sont donc semblables. On en déduit la proportion suivante:

$$\frac{A\gamma}{AS} = \frac{A'\gamma}{A'S'},$$

d'où celle-ci : $\dfrac{A\gamma}{A\gamma + A'\gamma} = \dfrac{AS}{AS + A'S'}$. Si l'on remarque que la somme $A\gamma + A'\gamma$ est égale à AA′, cette proportion donne pour Aγ la valeur suivante :

$$A\gamma = \frac{AS \times AA'}{AS + A'S'}.$$

Or, l'arc AS est la déclinaison du soleil, le premier jour, et l'arc A′S′ sa déclinaison le jour suivant; AA′ est la différence des ascensions droites KA′ et KA du soleil rapportées au cercle de déclinaison de l'étoile α d'Andromède ; toutes ces quantités peuvent être déterminées directement. En les remplaçant par les résulta trouvés et effectuant le calcul, on obtiendra la valeur de l'arc Aγ, et, par suite, celle de Kγ, qui fait connaître la position exacte du point équinoxial de printemps relativement au cercle de déclinaison de l'étoile.

CorolLAIRE. — *Régler une horloge sidérale.*

On observe avec cette horloge l'heure du passage au méridien de l'étoile α d'Andromède, puis on augmente cette heure du temps qu'il faut à la sphère céleste pour tourner de l'arc Kγ, ce qui donne une autre heure. Cette seconde heure indique le moment où le point équinoxial de printemps passe au méridien : c'est à ce moment qu'une horloge sidérale bien réglée doit marquer $0^h\ 0^m$.

DÉFINITIONS.

Axe de l'écliptique. — Si l'on mène par le centre de l'écliptique une droite perpendiculaire à son plan, elle prend le nom d'*axe de l'écliptique* et l'extrémité en est le *pôle*. Cet axe fait avec l'axe du monde, qui est perpendiculaire à l'équateur céleste, un angle rectiligne égal à l'obliquité de l'écliptique, c'est-à-dire à 23° 27′.

Coordonnées célestes. — Nous désignerons par *longitude* et *latitude* d'un point de la sphère céleste deux coordonnées qui se définissent relativement au plan de l'écliptique et à son axe comme l'Æ et la D relativement au plan de l'équateur et à l'axe du monde : ces *coordonnées célestes* ne se mesurent pas directement, mais se déduisent par un calcul trigonométrique, des coordonnées équatoriales.

PROPOSITION 9.

Théorème. — *La sphère céleste tout entière tourne lentement dans le sens direct et parallèlement à l'écliptique.*

Remarquons d'abord que, si l'on détermine plusieurs fois de suite et à quelques jours d'intervalle seulement, l'ŒR et la D d'une étoile quelconque, on trouve chaque fois pour la même coordonnée la même valeur, tandis qu'il n'en est plus ainsi, si cette détermination se répète à quelques années d'intervalle. En comparant les ŒR d'une même étoile, mesurées d'année en année, on reconnaît qu'elles vont à peu près en augmentant ; quant aux D, elles sont variables aussi, mais ces variations sont très-complexes. Tous ces changements de valeur, qui d'ailleurs n'altèrent pas sensiblement les positions relatives des étoiles, se font d'après une loi qu'il est assez difficile de préciser de cette manière. Mais si de l'ŒR et de la D des étoiles on déduit les valeurs des longitudes et des latitudes célestes, la loi générale de ces variations devient évidente : les latitudes d'une même étoile prennent toutes la même valeur ou à peu près et les longitudes seules vont en augmentant ; cet accroissement de longitude est d'ailleurs le même pour toutes les étoiles dans le même intervalle de temps. La valeur de cet accroissement, d'après les mesures les plus précises, est de 50″ 2 par année.

Il en résulte que, dans le même intervalle de temps, toutes les étoiles se déplacent du même petit angle parallèlement à l'écliptique ; en d'autres termes, la sphère céleste tout entière tourne lentement dans le sens direct et parallèlement à l'écliptique.

PROPOSITION 10.

THÉORÈME. — *Le mouvement direct de la sphère céleste parallèlement à l'écliptique peut être considéré comme une apparence résultant d'un mouvement réel, conique et rétrograde de l'axe terrestre autour de l'axe de l'écliptique.*

Soient $B\beta C\gamma$ (*fig.* 29) le cercle de l'écliptique et PP′ son axe, $E\beta E'\gamma$ le cercle de l'équateur, et pp' l'axe terrestre qui se confond avec l'axe du monde ; admettons que la sphère céleste est immobile et que la droite pp' tourne réellement autour de l'axe PP', dans le sens rétrograde indiqué par la flèche, en décrivant un cône dont la base est le cercle qui a pour rayon sphérique Pp. Cette droite pp' entraînera dans son mouvement le plan de l'équateur, qui lui est perpendiculaire à chaque instant, et, par suite, la droite d'intersection de l'équateur et de l'écliptique, c'est-à-dire la

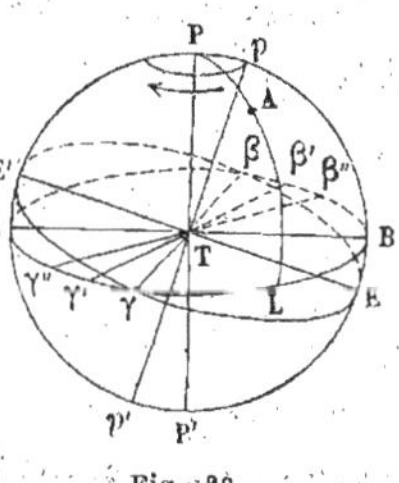

Fig. 29.

ligne des équinoxes, prendra les positions successives, $\beta\gamma$, $\beta'\gamma'$, $\beta''\gamma''$, etc. Si l'on détermine alors, à diverses reprises, les coordonnées célestes d'une étoile quelconque A, sa longitude sera successivement γL, $\gamma' L$, $\gamma'' L$, etc.; cette longitude ira donc en augmentant un peu avec le temps, et cette augmentation sera la même pour toutes les étoiles ; quant à la latitude de l'étoile A, elle conservera constamment la même valeur AL, puisque le plan de l'écliptique est supposé fixe: en un mot, les variations de ces deux coordonnées seront telles que toutes les étoiles nous paraîtront se déplacer d'un même petit angle, dans le sens direct et parallèlement au plan de l'écliptique. Quant à la vitesse angulaire et à la durée de ce mouvement apparent, elles seront évidemment les mêmes que celles du mouvement réel de l'axe terrestre.

Donc, le mouvement direct de la sphère céleste parallèlcment à l'écliptique peut être considéré comme une apparence résultant d'un mouvement réel, conique et rétrograde de l'axe terrestre autour de l'axe de l'écliptique.

CoROLLAIRE I. — *Les points équinoxiaux sont animés d'un mouvement réel et rétrograde sur le cercle de l'écliptique.* En effet, le mouvement de la sphère céleste qui vient d'être constaté est un mouvement apparent, tandis que

celui de l'axe du monde est un mouvement réel, car les mêmes raisons que nous avons déjà invoquées à propos de la
réalité du mouvement de rotation de la terre plaident aussi
en faveur du mouvement conique et rétrograde de l'axe terrestre ; or, la rétrogradation des points équinoxiaux est une
conséquence nécessaire du mouvement conique de l'axe terrestre ; donc, les points équinoxiaux sont animés d'un mouvement réel et rétrograde sur le cercle de l'écliptique.

CorollairE II. — *Les points solsticiaux sont animés sur
l'écliptique d'un mouvement rétrograde et identique à celui
des points équinoxiaux*, car les points solsticiaux sont constamment situés aux extrémités d'un diamètre de l'écliptique
perpendiculaire à la ligne des équinoxes.

Ce mouvement d'ailleurs est caractérisé par une extrême
lenteur ; il ne faut pas moins de 26000 ans aux points équinoxiaux et, par suite, à l'axe terrestre pour accomplir une
révolution entière autour de l'axe de l'écliptique.

PROPOSITION 4.

Théorème. — *La ligne des apsides tourne lentement dans
le plan de l'orbite solaire et dans le sens direct.*

Pour s'en assurer, il suffit de déterminer, à de longs intervalles, la longitude du périgée ou de l'apogée solaire ; on
trouve, en comparant les valeurs qu'on obtient, une petite
augmentation qui ne peut être considérée comme une erreur
due aux observations : cette augmentation, qui est à peu près
constante, est égale à 62″,2. Elle est due, en partie, au mouvement de rétrogradation des points équinoxiaux, qui est de
50″,2 ; mais, si l'on retranche 50″,2 de 62″,2, il reste une différence de 12″ qui ne peut être attribuée qu'à un mouvement
propre et direct du périgée sur l'orbite solaire. La ligne des
apsides tourne donc lentement dans le plan de l'orbite solaire et dans le sens direct.

Ce mouvement est connu sous le nom de *mouvement si-déral du périgée solaire.*

DÉFINITION.

INÉGALITÉS DU MOUVEMENT SOLAIRE. — L'ensemble des mouvements du soleil, tels que nous les avons étudiés, est perpétuellement troublé par d'autres petits mouvements qui affectent les divers éléments de son orbite; ces petits mouvements, tous insensibles comme le mouvement sidéral du périgée ou à période séculaire comme la rétrogradation des points équinoxiaux, se nomment *inégalités* ou *perturbations.*

1° *L'axe terrestre ne décrit pas rigoureusement une surface conique autour du pôle de l'écliptique;* les génératrices de ce cône ne sont que des positions moyennes entre toutes celles que prend cet axe, et, en réalité, son extrémité oscille de l'intérieur à l'extérieur du cône dans l'espace de 18 ans 1/2, en décrivant dans le sens rétrograde une petite ellipse dont le rayon moyen sous-tend un arc de 8″,03. Ce mouvement, découvert par Bradley au xviiie siècle est connu, sous le nom de *nutation de l'axe terrestre.*

2° *L'obliquité de l'écliptique n'est pas rigoureusement constante;* outre de légères variations provenant de la nutation de l'axe terrestre, elle subit une diminution de 48″ par siècle, environ; toutefois cette *diminution de l'obliquité* aura un terme, après lequel l'obliquité ira en augmentant.

3° Il y a encore d'autres inégalités dans le mouvement solaire, que nous ne mentionnons pas : quelles qu'elles soient, elles sont toutes périodiques et le monde solaire semble fait pour durer.

CHAPITRE II

Distance du soleil à la terre.

Dimensions, masse et densité du soleil.

DÉFINITION.

Parallaxe du soleil. — La parallaxe de hauteur et la parallaxe horizontale d'un astre quelconque qui a un diamètre apparent se définissent comme celles des étoiles, si l'on prend pour la position de l'astre celle de son centre (23).

La parallaxe de hauteur d'un astre se détermine par des mesures directes; la connaissance de cette parallaxe relative à un rayon terrestre donné, permet de rapporter au centre de la terre, les observations faites sur la surface, à l'extrémité de ce rayon.

La parallaxe horizontale d'un astre se détermine, en général, par le calcul, au moyen de deux parallaxes de hauteur observées en même temps sur deux points différents de la surface du globe. Mais, pour le soleil, le procédé le plus exact repose sur l'observation des passages de la planète Vénus devant le disque du soleil; nous ne l'expliquerons pas. C'est par ce procédé et en observant les passages qui ont eu lieu en 1761 et 1769, qu'on a trouvé pour valeur moyenne de la parallaxe horizontale du soleil 8″,57 : d'après ce chiffre, un spectateur placé au centre du soleil verrait le diamètre de la terre sous un angle de 17″ environ.

PROPOSITION 1.

Problème. — *Déterminer la distance du soleil à la terre.*

En supposant que la droite TS (*fig.* 13) représente le rayon de la terre, que le point E soit le centre du soleil et que la longueur ET' soit l'unité, on trouve comme au n° 24, pr. 2, pour expression de la distance ET du soleil à la terre :

$$ET = \frac{ET' \times arc\ TS}{arc\ T'S'}.$$

Or la droite ET' n'est autre chose que l'unité de longueur; l'arc TS, vu la petitesse de l'angle E, se confond avec la perpendiculaire TS, c'est-à-dire avec le rayon terrestre; l'arc T'S' est égal à la fraction $\frac{857}{206265}$ où $\frac{1}{24068}$; par conséquent, cette expression de la distance du soleil à la terre est égale à 24068 fois le rayon terrestre. Telle est la distance du soleil à la terre.

Remarque. Comme il y a une incertitude de 4 unités sur le dernier chiffre de la parallaxe, on ne peut pas répondre exactement des deux derniers chiffres du nombre 24068, c'est pourquoi nous dirons, en nombres ronds, que la distance du soleil à la terre est de 24000 rayons terrestres.

PROPOSITION 2.

Théorème. — *Le rayon du soleil vaut 112 fois celui de la terre.*

Admettons que les points S et T (*fig.* 30), soient les centres du soleil et de la terre; à cause de la grande distance de ces deux astres, on peut supposer que les droites SA et BT se confondent avec les arcs qui seraient décrits des points T et S comme centres et qui auraient pour rayon commun ST. Mais, d'après une proposition connue de géométrie, ces deux arcs doivent être proportionnels aux angles ATS et BST; donc on aura la proportion :

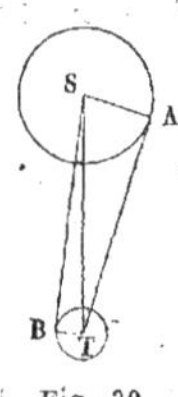

$$\frac{SA}{BT} = \frac{ATS}{BST} \cdot$$

Cette proportion donne pour expression du rayon solaire SA :

$$SA = \frac{BT \times ATS}{BST} \cdot$$

Fig. 30.

Or, la droite BT n'est autre chose que le rayon de la terre; l'angle ATS est égal au demi-diamètre apparent du soleil, c'est-à-dire à 16′ 3″; l'angle BST est sa parallaxe horizontale ou 8″,57 ; par conséquent, le rayon du soleil est égal au rayon de la terre multiplié par le quotient $\frac{16' \, 3''}{8'',57}$ ou $\frac{96}{8,57}$ ou 112. Donc, le rayon du soleil vaut 112 fois celui de la terre.

Corollaire. — *Le soleil est environ* 1400000 *fois plus volumineux que la terre.* — En effet, les volumes de deux sphères sont proportionnels aux cubes de leurs rayons ; puisque le rapport des rayons est 112, celui de leurs volumes sera 112^3 ou 1404928. Le soleil est donc environ 1400000 fois plus volumineux que la terre.

DÉFINITIONS.

Masse et densité du soleil. — On désigne, en général, par *masse* d'un corps la quantité de matière contenue dans ce corps; elle a pour mesure le quotient du poids de ce corps par l'intensité de la pesanteur.

On entend par *densité moyenne* d'un corps la masse de l'unité de volume de ce corps.

PROPOSITION 3.

Théorème. — *Les masses de deux corps sphériques sont proportionnelles aux vitesses avec lesquelles ces deux corps en attirent un troisième placé à égale distance de l'un et de l'autre.*

Cette proposition se démontre dans le cours de mécanique.

PROPOSITION 4.

Théorème. — *La masse du soleil est* 355000 *fois plus grande que celle de la terre.*

Nous admettrons cette proposition, sans la démontrer, comme une conséquence du théorème précédent.

Corollaire. — *La densité moyenne du soleil est à peu près le quart de celle de la terre.* En effet, d'après la définition qui précède, on obtiendra la densité moyenne du soleil en divisant sa masse totale par son volume; donc, en prenant la densité de la terre comme unité, celle du soleil sera égale à la fraction $\frac{355000}{1400000}$ ou 0,252. Il en résulte que la densité moyenne du soleil est à peu près le quart de celle de la terre.

PROPOSITION 5.

Problème. — *Quelle est la nature physique du soleil?*

Ce qu'on a découvert sur la nature physique du soleil est assez vague et hypothétique : tout ce qu'on peut affirmer, c'est que son disque lumineux présente à l'œil armé d'un télescope un certain nombre de taches sombres dont quelques-unes disparaissent rapidement, tandis que d'autres sont persistantes. La disparition rapide des premières montre que l'enveloppe extérieure du soleil est composée de parties trèsmobiles et assez semblables à des nuages ; la persistance des autres a permis de constater qu'elles se déplacent peu à peu sur le disque solaire, d'où l'on a déduit que le soleil lui-même est animé d'un mouvement de rotation autour d'un axe presque perpendiculaire au plan de l'écliptique : cette rotation dure 25 jours $\frac{1}{3}$ et s'effectue dans le sens direct.

Arago a démontré, par des expériences de polarisation très-précises, que la lumière de cet astre est de même nature que celle d'une flamme qui contient des poussières solides en ignition, comme la flamme d'une bougie ou celle du gaz à éclairage ; tandis qu'elle se distingue essentiellement de la lumière émise par un corps solide ou liquide incandescent.

On attribue aussi au soleil une sorte d'atmosphère immense, très-rare, de forme lenticulaire, dont l'existence a un rapport intime avec le phénomène connu sous le nom de *lumière zodiacale*.

CHAPITRE III

Conséquences et applications de la théorie des mouvements du soleil.

§ 1. Temps vrai. Temps moyen.

DÉFINITION.

Jour solaire vrai. — On donne le nom de *jour solaire vrai*, ou simplement de *jour solaire*, au temps qui s'écoule entre deux passages supérieurs et consécutifs du soleil au méridien.

PROPOSITION 1.

Théorème. — *Le jour solaire est un peu plus long que le jour sidéral.*

En effet, supposons que le point S (*fig.* 31) désigne la position du soleil sur l'écliptique, un certain jour, au moment de son passage au méridien, et soit X une étoile qui passe en même temps que lui au méridien, c'est-à-dire qui se trouve sur le même cercle de déclinaison PSA. Lorsque l'étoile, en vertu du mouvement diurne, reviendra au méridien, il y aura un jour sidéral d'écoulé, et, si le soleil n'avait pas de mouvement propre sur l'écliptique, il serait resté exactement, dans l'intervalle, sur le cercle de déclinaison de l'étoile X; il reviendrait donc passer en même temps qu'elle au méridien, et le jour solaire serait égal au jour sidéral. Mais le soleil, à cause de son mouvement propre, s'est déplacé un peu sur l'écliptique et dans le sens direct; il a décrit un petit arc SS′ lorsque le jour sidéral est écoulé, et le cercle de déclinaison du soleil se trouve alors à l'orient du cercle de déclinaison PSA de l'étoile. Il faudra évidemment qu'il s'écoule encore un peu de temps avant que ce cercle de déclinaison PS'A', parcourant l'arc d'équateur A'A, vienne se confondre avec le plan méridien de l'observateur ; le jour solaire est donc un peu plus long que le jour sidéral.

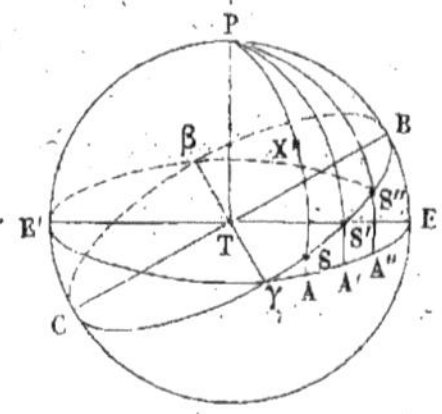

Fig. 31.

Remarque. Si l'on poursuit la comparaison du jour solaire et du jour sidéral pendant tout le cours d'une année, on voit que, dans cet espace de temps, l'étoile aura passé au méridien une fois de plus que le soleil ; il y a donc, dans le cours d'une année, un jour solaire de moins que de jours sidéraux.

PROPOSITION 2.

THÉORÈME. — *Les jours solaires sont inégaux.*

La différence du jour solaire et du jour sidéral tient à l'existence du mouvement propre du soleil. Or, ce mouvement s'accomplit dans un plan qui est incliné sur l'équateur et avec une vitesse angulaire variable qui est réglée d'après le principe des aires ; chacune de ces circonstances constitue une cause d'inégalité pour les jours solaires.

1° Si le plan de l'écliptique était confondu avec l'équateur, les arcs d'équateur AA', A'A", etc. (*fig.* 31) représenteraient les déplacements successifs du soleil pendant le premier, le second et les autres jours sidéraux, et, par suite, feraient connaître l'excès des différents jours solaires sur le jour sidéral ; mais ces arcs d'équateur AA', A'A", etc., exprimeraient aussi les valeurs successives de la vitesse angulaire du soleil, et, comme cette vitesse angulaire est variable, il en résulterait que l'excès des différents jours solaires sur le jour sidéral ne serait pas constant ; les jours solaires seraient inégaux.

2° Si la vitesse angulaire du soleil était constante, les arcs d'écliptique SS′, S′S″, etc., seraient égaux entre eux. Mais le plan de l'écliptique étant incliné sur l'équateur, à deux arcs d'écliptique égaux SS′, S′S″, devraient correspondre deux arcs d'équateur AA′, A′A″, qui seraient inégaux ; par conséquent, dans cette hypothèse, l'excès des différents jours solaires sur le jour sidéral ne serait pas constant ; les jours solaires seraient inégaux.

Ces deux causes d'inégalité pour les jours solaires agissant ensemble, il est permis d'affirmer que les jours solaires sont inégaux.

DÉFINITION.

JOUR MOYEN. — Le jour solaire vrai serait une unité de temps très-commode pour les besoins de la campagne, car c'est la marche quotidienne du soleil qui règle, en partie, les travaux du jour ; mais sa longueur est variable. Le jour sidéral est d'une longueur invariable, mais cette unité de temps, qui est excellente pour les astronomes, serait peu commode pour les usages de la vie civile. C'est pourquoi ni l'un ni l'autre n'ont été choisis pour régler les montres et les horloges publiques.

Le jour adopté pour régler les montres et les horloges publiques est celui d'un soleil idéal qui parcourrait l'équateur de telle façon que les jours de ce soleil soient tous égaux entre eux et que chacun d'eux soit la moyenne d'un nombre quelconque, suffisamment grand, de jours solaires vrais.

Le jour de ce soleil idéal se nomme le *jour moyen*, et ce soleil, le *soleil moyen*.

Une durée quelconque s'exprime en jours moyens ou en jours vrais, de la même manière qu'en jours sidéraux. De là, deux nouvelles espèces de temps : *temps moyen, temps vrai*.

PROPOSITION 3.

PROBLÈME. — *Déterminer les conditions du mouvement du soleil moyen.*

Imaginons d'abord qu'au moment où le soleil vrai passe dans son orbite périgée au point P (*fig.* 32), un soleil fictif

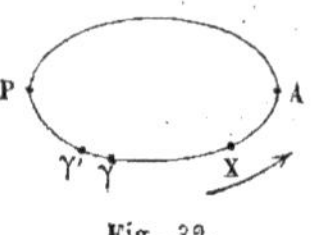

Fig. 32.

parte du même point avec un mouvement angulaire uniforme, et décrive la même courbe dans le même sens et dans le même temps que le premier; la vitesse constante de ce soleil fictif sera, évidemment, la vitesse moyenne du soleil vrai. C'est pourquoi le soleil vrai, qui possède sa vitesse maximum au point P, devancera d'abord le soleil fictif, et son écart ira en augmentant jusqu'au point où sa vitesse, diminuant, devient égale à la vitesse moyenne. A partir de ce point, l'écart diminue et les deux soleils arrivent ensemble à l'apogée A, puisque le soleil vrai emploie la moitié du temps de sa révolution pour aller d'une extrémité à l'autre de la ligne des apsides. Le soleil vrai, qui possède alors sa vitesse minimum, se met en retard sur le soleil fictif et son écart va en augmentant jusqu'au point où sa vitesse, augmentant, devient égale à la vitesse moyenne. A partir de ce point, l'écart diminue et les deux soleils arrivent ensemble au périgée P. Les jours de ce soleil fictif sont donc d'abord plus courts, ensuite plus longs, puis encore plus courts et plus longs que le jour vrai, et, quatre fois par an, ils sont exactement de la même longueur; ils diffèrent d'ailleurs moins entre eux que les jours successifs du soleil vrai, mais pourtant ne sont pas tous égaux, attendu que le plan de l'écliptique dans lequel ces deux soleils se meuvent est incliné sur l'équateur.

Imaginons alors un second soleil fictif qui, passant et repassant au point équinoxial γ en même temps que le premier, soit assujetti à parcourir, non pas l'écliptique, mais l'équateur céleste d'un mouvement uniforme. Le cercle de déclinaison de ce second soleil devancera d'abord celui du premier, car, si celui du premier s'est déplacé en un jour de l'arc γS (*voy. fig.* 31), sur l'écliptique, le cercle de déclinaison du second a dû se déplacer d'un arc égal sur l'équateur, et un arc égal à γS, compté à partir du point γ sur l'équateur, aura son extrémité au delà du point A ; le cercle de déclinaison de ce second soleil devancera donc d'abord celui du premier. Ces deux cercles se trouveront confondus au solstice suivant, car ils auront tous les deux décrit un quart de cercle exactement ; ils le seront de même à l'autre équinoxe et à l'autre solstice. Il en résulte que les jours de ce second soleil fictif sont d'abord plus longs, ensuite plus courts, puis encore plus longs et plus courts que les jours du premier soleil fictif. Ils diffèrent donc très-peu chacun du jour vrai correspondant, et, quatre fois par an, sont exactement de la même longueur ; comme ils sont d'ailleurs égaux entre eux, chacun d'eux sera la moyenne d'un nombre quelconque, suffisamment grand, de jours vrais.

Donc, ce second soleil fictif est celui que nous avons qualifié de soleil moyen.

Remarque 1. Il y a autant de jours moyens dans le cours de l'année que de jours solaires, et, par suite, un de moins que de jours sidéraux.

Remarque 2. La différence des heures auxquelles passent dans le méridien le soleil vrai et le soleil moyen, se nomme *équation du temps*. L'équation du temps est nulle quatre fois par an, et l'on voit qu'il suffit d'en connaître la valeur pour avoir l'heure du temps moyen, connaissant l'heure du temps vrai : les valeurs de l'équation du temps se trouvent toutes calculées d'avance par les astronomes et publiées dans le tableau de la *Connaissance des temps*. Le bureau des Longitudes édite aussi chaque année un *Annuaire* où l'on trouve inscrit le *temps moyen au midi vrai*, pour tous les jours de l'année. Ces deux tables permettent de régler les horloges et les montres sur le temps moyen, par l'observation du temps vrai.

La valeur maximum de l'*équation du temps* est de 16^m.

DÉFINITION.

CADRANS SOLAIRES. — On donne le nom de *cadrans solaires* aux appareils destinés à faire connaître l'heure vraie. Bien que ces appareils n'offrent pas une extrême précision dans leurs indications, ils peuvent donner le midi vrai et, par suite, servir à régler les horloges et les montres ordinaires.

PROPOSITION 4.

PROBLÈME. — *Faire connaître le principe de la construction d'un cadran solaire.*

Supposons qu'on ait fait passer par l'axe du monde 12 plans formant entre eux 24 angles dièdres égaux ; le soleil, en vertu de son mouvement diurne, traversera successivement chacun de ces plans dans l'espace d'un jour solaire et mettra une heure pour aller de l'un à l'autre. Imaginons maintenant qu'on coupe tous ces plans, nommés *plans horaires*, par un autre qui soit perpendiculaire à l'axe du monde, les 24 angles rectilignes qu'on obtiendra sur le plan auxiliaire seront tous égaux entre eux et vaudront chacun 15° : soit BCDE (*fig.* 33) un plan sur lequel on ait ainsi tracé 24 angles de 15° autour du même point O, savoir : BOB′, B′OB″, etc., et soit OA une droite rigide perpendiculaire au plan. Si l'on place la figure ainsi construite de telle sorte que la droite OA devienne parallèle à l'axe du monde, l'ombre de cette droite sera projetée sur le plan BCDE à l'opposite du soleil et parcourra successivement d'heure en heure toutes les lignes tracées par le point O dans ce plan. Il en résulte que, si l'une de ces droites se trouve située dans le plan méridien de l'observateur, il sera *midi vrai*, lorsque le soleil y projettera son ombre ; il sera *une heure* lorsque l'ombre tombera

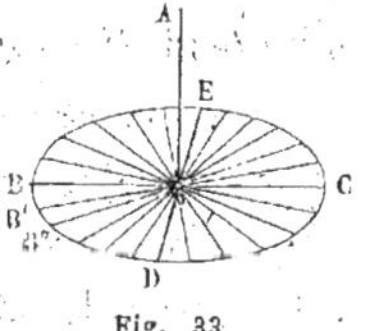

Fig. 33.

sur la suivante, et ainsi de suite. Il suffira donc d'avoir marqué sur l'appareil ainsi disposé un chiffre correspondant à chaque ligne pour pouvoir trouver l'heure vraie à chaque instant du jour.

Tel est le principe de la construction d'un cadran solaire.

Remarque 1. Le cadran solaire disposé comme on vient de le dire se nomme cadran *équatorial* ou *équinoxial* et la droite OA est dite le *style* du cadran. Il faut remarquer que le soleil reste six mois d'un côté de l'équateur et six mois de l'autre dans son mouvement propre ; les deux côtés d'un pareil cadran seront donc alternativement éclairés par le soleil, pendant six mois ; par suite, on devra tracer des lignes horaires et chercher l'heure tantôt sur l'une et tantôt sur l'autre face. On remédie à cet inconvénient en donnant au cadran une position horizontale ou verticale ; mais il faut alors déterminer sur ce plan horizontal ou vertical la trace des 12 plans horaires qui ont servi de base à la construction, ce qui exige une nouvelle opération.

Remarque 2. Le style des cadrans solaires est ordinairement terminé par une plaque circulaire percée d'un trou, et les rayons lumineux qui passent par le trou dessinent un point brillant au centre de l'ombre projetée par la plaque, ce qui rend l'observation plus précise.

PROPOSITION 5.

Problème. — *Construire un cadran solaire qui fasse connaître le midi moyen.*

On commence par construire, conformément à la proposition précédente, un cadran solaire qui fasse connaître l'heure vraie, puis on marque chaque jour de l'année ou à peu près, sur le cadran, la position du point brillant à midi moyen, le midi moyen étant donné par une montre ordinaire bien réglée ; cela fait, on joint par un trait continu les points ainsi marqués et l'on obtient une courbe en forme de 8 : toutes les fois que le point brillant donné par le style viendra, dans la suite, tomber sur cette ligne, il sera évidemment midi moyen.

Remarque. — Comme l'équation du temps est nulle 4 fois par an (77), le midi moyen se confond quatre fois par an avec le midi vrai ; la courbe coupe donc quatre fois la droite qui sur le cadran donne le midi vrai ; on nomme cette courbe la *méridienne du temps moyen.*

§ 2. De l'année solaire.

DÉFINITIONS.

Année tropique, sidérale et anomalistique. — Jusqu'à présent nous avons donné, d'une manière générale, le nom d'année au temps que le soleil emploie pour accomplir une de ses révolutions dans son orbite. Cette définition a besoin d'être précisée, car nous avons reconnu que certains points de l'orbite solaire sont animés d'un mouvement direct ou rétrograde ; d'où il suit que le temps rigoureusement employé par le soleil pour revenir au même point de son orbite varie suivant le point qu'on considère.

L'année se nomme *tropique,* si le point considéré est un

des équinoxes ou des solstices; *anomalistique*, si c'est le périgée, et *sidérale*, si c'est un point fixe.

Nous supposerons, du reste, dans les questions qui vont suivre, que le jour dont il s'agit est le jour moyen.

PROPOSITION 1.

THÉORÈME. — *L'année sidérale est un peu plus longue que l'année tropique et un peu plus courte que l'année anomalistique.*

Supposons en effet que le soleil parte d'un point fixe X (*fig.* 32), situé sur l'écliptique et s'éloigne dans le sens direct indiqué par la flèche. Lorsque cet astre reviendra au point de départ, l'année sidérale sera écoulée; mais, si le point de départ est le point équinoxial γ, ce point se déplacera un peu pendant que le soleil

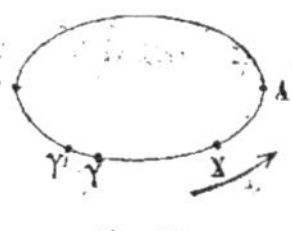

Fig. 32.

accomplira sa révolution, et, ce déplacement ayant lieu dans le sens rétrograde, c'est-à-dire en sens contraire de la flèche, le soleil rencontrera ce point mobile en γ′, un peu avant que l'année sidérale ne soit écoulée. L'année sidérale est donc un peu plus longue que l'année tropique.

On reconnaîtrait de même que l'année sidérale est un peu plus courte que l'année anomalistique.

PROPOSITION 2.

PROBLÈME. — *Évaluer la longueur de l'année tropique.*

Pour évaluer la longueur de l'année tropique, on commence par déterminer le moment précis où le soleil, dans son orbite, passe au point équinoxial de printemps, c'est-à-dire, le moment précis où sa déclinaison est nulle. A cet effet, on observe le soleil dans les positions méridiennes S et S′ qu'il occupe deux jours de suite, l'une dans l'hémisphère austral, l'autre dans l'hémisphère boréal (*fig.* 28), et l'on suppose que, dans l'intervalle des deux observations faites,

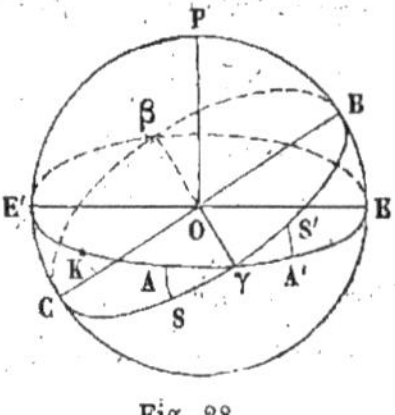

Fig. 28.

la déclinaison du soleil a varié proportionnellement au temps, ce qui est vrai sans erreur sensible. Appelons t le temps que le soleil a mis pour aller de S à S′ et x celui qu'il met pour aller de S à γ, on aura la proportion suivante :

$$\frac{x}{t} = \frac{\text{AS}}{\text{AS} + \text{A′S′}},$$

d'où l'on déduit :

$$x = \frac{t \times \text{AS}}{\text{AS} + \text{A′S′}}.$$

En ajoutant cette valeur de x à l'heure de la première observation, on obtient l'heure précise à laquelle la déclinaison du soleil était nulle, c'est-à-dire l'instant de son passage au point équinoxial de printemps.

Si l'on opère ainsi deux années de suite, il est clair que l'espace de temps compris entre les deux passages consécutifs du soleil au même point équinoxial est la durée de l'année tropique. Mais, pour atténuer l'erreur inévitable qui s'attache à de semblables observations, on préfère mesurer l'espace de temps compris entre deux passages très-éloignés, à un siècle de distance, par exemple, et diviser par 100 le résultat. L'erreur des observations extrêmes est ainsi rendue 100 fois plus petite et peut être négligée.

L'astronome Delambre, en comparant un grand nombre d'observations faites à différentes époques, a trouvé pour valeur moyenne de l'année tropique : 365ʲ,242264 ; c'est presque 365 jours et un quart.

Corollaire 1. — Si l'on divise 360°—50,″2 par le nombre qui exprime en jours la durée de l'année tropique, on obtient pour quotient 59′ 8″,33 ; ce quotient représente la vitesse angulaire moyenne du soleil, ou, en d'autres termes, la vitesse angulaire du soleil moyen.

Corollaire 2. — Puisque le soleil moyen met 24 heures à parcourir l'arc de 59′ 8″,33, le temps qu'il lui faudra pour parcourir l'arc de 50″,2 sera donné par l'expression suivante :

$$\frac{24^{h} \times 50'',2}{59' 8'',33}.$$

En effectuant le calcul, on trouve environ 20 minutes : c'est le temps qu'il faut ajouter à l'année tropique pour avoir l'année sidérale.

On trouverait de la même manière ce qui manque à l'année sidérale pour égaler l'année anomalistique.

§ 3. **Du calendrier.**

DÉFINITION.

Année civile. — La longueur de l'année tropique est la base des unités de mesure généralement adoptées aujourd'hui pour évaluer les grands intervalles de temps ; mais il est manifestement impossible d'employer comme unité de mesure, dans la vie civile, une période composée de 365 jours et d'une fraction de jour. C'est pourquoi l'on a choisi pour unités de temps deux espèces de périodes, appelées *années civiles*, l'une de 365 jours, l'autre de 366 jours, se succédant dans un ordre tel que l'année tropique soit la moyenne d'un nombre quelconque suffisamment grand d'années civiles.

L'ensemble des règles qui président à cette concordance entre l'année tropique et les années civiles se nomme le *calendrier*.

PROPOSITION 1.

Problème. — *Dire en quoi consistait le calendrier des Égyptiens et quels en sont les inconvénients.*

Les Égyptiens avaient d'abord adopté une année civile de 360 jours, divisée en 12 parties égales dont chacune était de 30 jours. Mais cette année renfermait 5 jours de moins que l'année tropique ; par conséquent, au bout d'un an, une date quelconque de l'année civile devait tomber en avance de 5 jours dans l'année tropique, au bout de 6 ans, de 30 jours, et au bout de 72 ans, d'une année entière. Les Égyptiens ne manquèrent pas de s'en apercevoir, et ils complétèrent l'année civile par l'addition de 5 jours complémentaires, qu'on célébrait par des fêtes, sous le nom d'*épagomènes*; l'année égyptienne devint alors de 365 jours. Mais cette année renfermait encore à peu près un quart de jour de moins que l'année tropique ; par conséquent, au bout d'un an, une date quelconque de l'année civile devait encore avancer d'un quart de jour, d'un jour au bout de 4 ans, et d'une année entière au bout de 1461 ans.

Les Égyptiens reconnurent cet inconvénient, mais ne le corrigèrent point ; on comprend, d'après cela, l'incertitude qui doit régner sur les dates de l'histoire égyptienne, à cause des deux genres d'*années vagues* que ce peuple a successivement adoptées.

PROPOSITION 2.

Problème. — *Faire connaître le calendrier grec et romain et la réforme de Jules César.*

L'année civile des Grecs était composée de douze parties, alternativement de 29 et de 30 jours, ce qui portait sa durée à 354 jours. Il restait donc à peu près 11 jours 6 heures par an, ou bien 90 jours en 8 ans : c'est en effet ce nombre de jours qui était intercalé après chaque période de 8 années.

Les Romains firent longtemps des efforts pour opérer une correction dans le même sens sur leur calendrier ; mais leurs pontifes, chargés de faire les intercalations nécessaires à cet effet, faisaient sans cesse des corrections arbitraires qui troublaient la continuité dans l'énumération du temps.

C'est pour remédier à ce désordre que Jules César, 46 ans av. J.-C., prescrivit la réforme qu'on a appelée *julienne*. Sur l'avis de Sosigène, astronome qu'il fit venir d'Alexandrie, il fixa la longueur de l'année civile, d'après Hipparque, à 365 jours et un quart. L'addition de ce quart de jour se faisait tous les quatre ans par l'intercalation d'un jour supplémentaire, de telle sorte que, sur quatre années consécutives, trois étaient des années communes de 365 jours et l'autre de 366 jours : on choisissait d'ailleurs pour cette année de 366 jours, *celle des quatre dont le millésime était divisible par 4.*

L'année romaine fut divisée par Jules César en 12 mois dont la durée et la dénomination subsistent encore aujourd'hui ; mais nous n'avons pas adopté la même manière de diviser le mois et d'en exprimer le quantième. Les Romains nommaient *calendes*, d'où le mot *calendrier*, le 1ᵉʳ de chaque mois, et ils appelaient *nones* le 5, *ides* le 13 du mois, excepté les mois de mars, mai, juillet et octobre, où les nones tombaient le 7 et les ides le 15. Les noms des autres jours du mois se tiraient de leur ordre en rétrogradant, soit avant les calendes, soit avant les nones, soit avant les ides. Ainsi, le 2ᵉ jour, le 3ᵉ jour, etc., des calendes de mai, par exemple, étaient le 30, le 29 avril, etc. ; de même, le 28 février était nommé *pridie calendas Martis* ; le 27, *tertio calendas* ; le 26, *quarto* ; le 25, *quinto*, etc. Or, il y avait à Rome une fête dite le *Régifuge,* qui se célébrait en l'honneur de l'expulsion des Tarquins, le 6 des calendes de mars, c'est-à-dire le 24 février. Pour ne point changer la date de cette fête, le jour intercalaire fut placé entre le 23 et le 24 février, c'est-à-dire entre le 7 et le 6 des calendes de mars, et on le désignait en disant *bissexto calendas,* d'où le nom de *bissextile* donné aux années de 366 jours.

Les peuples chrétiens adoptèrent la réforme julienne, toutefois ils placèrent l'intercalation du jour supplémentaire immédiatement après le 28 février et firent partir leurs dates, non plus de la fondation de Rome, mais de la naissance de Jésus-Christ, qui devint ainsi l'origine de l'*ère chrétienne.*

PROPOSITION 3.

PROBLÈME. — *En quoi consiste la réforme grégorienne?*

Jules César avait fixé la longueur de l'année civile à 365 jours et un quart, tandis que l'année tropique renferme réellement $365^j,242264$, ce qui fait un peu moins. Or, les Pères de l'Église, qui tenaient à ce qu'il y eût une harmonie complète entre les époques des fêtes religieuses et celles de l'année tropique, décidèrent, au concile de Nicée, l'an 325 après J.-C., que la célébration de la fête de Pâques se ferait toujours le premier dimanche après la pleine lune qui suivrait le 20 mars, et que toutes les autres fêtes seraient réglées d'après celle de Pâques. D'après la tradition chrétienne, ce fut peu de temps après l'équinoxe de printemps que Jésus-Christ ressuscita, et sa résurrection suivit de près une pleine lune. L'équinoxe de printemps avait eu lieu cette année le 21 mars, et on croyait généralement que, depuis la réforme julienne, l'équinoxe de printemps devait tomber toujours à la même date. Mais il y a entre l'année tropique et l'année julienne une différence qui est de $0^j,007736$, et, si l'on multiplie ce nombre par 400, on trouve pour produit $3^j,0944$, c'est-à-dire un peu plus de trois jours. Il en résulte que 400 ans après le concile de Nicée, l'équinoxe de printemps avait dû avancer de 3 jours sur sa première date et qu'avec les siècles, l'équinoxe de printemps aurait avancé jusqu'au 1ᵉʳ janvier; la fête de Pâques, au lieu d'être une fête de printemps, aurait fini, si l'on n'y eût pris garde, par être célébrée en plein été.

C'est pourquoi le pape Grégoire XIII entreprit, en 1582, d'achever la réforme commencée par Jules César. L'équinoxe de printemps avait eu lieu, cette année-là, le 11 mars au lieu du 21 ; les dates de l'année civile et religieuse étaient donc en retard de dix jours dans l'année tropique. Afin que cet inconvénient cessât immédiatement, le pape décida que le 5 octobre 1582, jour de la publication de sa bulle pontificale, s'appellerait 15 octobre; que, le lendemain, on compterait 16 octobre, et ainsi de suite, jusqu'à la fin de l'année. De plus, afin qu'une erreur semblable ne pût pas se reproduire dans l'avenir, il ordonna que sur cent années bissextiles consécutives (400 ans), trois fussent diminuées d'un jour, c'est-à-dire considérées comme des années communes, au moyen de la convention suivante :

Toute année dont le millésime est terminé par deux zéros est une année commune, si le nombre obtenu par la suppression des zéros n'est pas divisible par 4.

Sans doute, il resterait encore à supprimer $0^j,0944$ tous les 400 ans, ou $0^j,944$ tous les 4000 ans ; mais cette erreur est à peu près du même ordre que la variation dont la longueur de l'année tropique se trouve nécessairement affectée, et il serait tout à fait illusoire de vouloir établir entre l'année tropique et l'année civile une concordance plus parfaite.

Remarque. Les Russes et les autres peuples de l'Église grecque sont demeurés fidèles à la méthode julienne ; ils comptent encore sans interruption une année bissextile sur quatre. Ils ont ainsi, depuis le concile de Nicée, compté comme bissextiles douze années séculaires qui ne devaient pas l'être : il en résulte que l'année présente a commencé pour eux douze jours plus tard que pour nous. Leur date de chaque jour se trouve, par conséquent, de douze jours en retard sur la nôtre, et, quand nous disons 24 juillet, ils disent (vieux style) 12 juillet. C'est pourquoi une date russe s'indique habituellement par deux chiffres ; $\frac{12}{24}$ septembre, par exemple, signifie 12 septembre pour les Russes et 24 septembre pour les autres peuples de l'Europe.

DÉFINITIONS.

Mois civil. — L'année civile se divise actuellement en douze parties inégales, appelées *mois*, qui ont alternativement 31 et 30 jours, à l'exception du mois de février, qui, au lieu de 30, en a 28 ou 29 suivant que l'année est commune ou bissextile, et à l'exception du mois d'août qui en a 31, comme le mois de juillet qui le précède.

Le numéro d'ordre des années civiles et le quantième du mois sont exclusivement employés pour indiquer les dates de l'histoire.

Semaine. — La *semaine* est une période de sept jours, dont l'origine est très-ancienne ; ni le mois ni l'année ne sont composés d'un nombre entier de semaines : les sept jours de la semaine se succèdent avec une régularité parfaite, sans que les changements de mois ou d'année produisent la moindre altération dans leurs retours successifs, et ils donnent leurs noms, connus de tout le monde, aux différents jours dont se compose la suite des siècles.

PROPOSITION 4.

Problème. — *Connaissant le nom et la date d'un jour de l'année, trouver le nom d'une date quelconque de la même année et des années suivantes.*

Remarquons d'abord que le 1er, le 8, le 15, le 22 et le 29 de chaque mois sont des dates qui ont toujours le même nom, c'est-à-dire que si un mois commence par un mardi, par exemple, le 8, le 15, le 22 et le 29 sont encore des mardis : d'une manière générale, si l'on ajoute ou si l'on retranche 7 à un quantième du mois, on obtient une autre date qui a le même nom parmi les jours de la semaine ; par conséquent, si l'on connaît le nom d'un seul quantième du mois, il est facile d'avoir le nom de tous les autres.

On trouvera de même, en partant du dernier quantième du mois, le nom du 1er jour du mois suivant, et, par suite, celui de tous les autres.

Pour obtenir le nom d'une date quelconque de l'année suivante, on observera que 52 semaines donnent 7×52 ou 364 jours, et que, par conséquent, lorsqu'il s'est écoulé 52 semaines, il reste encore un jour à passer avant que l'année soit finie, si elle est commune, et deux, si elle est bissextile. On en déduit que, si l'on connaît le nom d'une date de l'année, il faut, pour avoir le nom de la même date de l'année suivante, avancer d'un jour dans la semaine, lorsque les deux années dont il s'agit sont des années communes ; lorsque l'une des deux est bissextile, on avance de deux jours en janvier et février et d'un jour seulement pour les dix autres mois, si c'est la première qui est bissextile, tandis qu'on avance d'un jour en janvier et février et de deux jours pour les dix autres mois, si c'est la seconde qui est bissextile.

En continuant de la sorte, on peut évidemment trouver le nom de telle date qu'on voudra ; c'est ce procédé qui sert de base au *calendrier perpétuel*.

PROPOSITION 5.

Pʀᴏʙʟᴇ̀ᴍᴇ. — *Faire connaître les modifications introduites dans la division de l'année par le calendrier républicain.*

Par un décret de la Convention nationale, le 5 octobre 1793, il fut résolu que le calendrier grégorien serait supprimé en France et remplacé par un calendrier dit *républicain*. Dans ce calendrier, le premier jour de l'année commençait à minuit, le 22 septembre 1792, jour de l'équinoxe d'automne et de la proclamation de la République ; chaque année était divisée en 12 mois égaux, dont chacun avait 30 jours. Comme ces douze mois ne formaient qu'une année de 360 jours, il y avait, à la fin des années communes, cinq jours complémentaires, et à la fin des années bissextiles, six.

Les mois avaient reçu des noms qui rappelaient les saisons de l'année auxquelles ils devaient correspondre ; voici ces noms, avec la date du calendrier grégorien à laquelle chacun d'eux commençait dans les années communes :

Vendémiaire..	22 septembre.	Germinal....	21 mars.
Brumaire.....	22 octobre.	Floréal......	20 avril.
Frimaire.......	21 novembre.	Prairial.......	20 mai.
Nivôse........	21 décembre.	Messidor.....	19 juin.
Pluviôse......	20 janvier.	Thermidor...	19 juillet.
Ventôse........	19 février.	Fructidor....	18 août.

Jours complémentaires.... 17, 18, 19, 20, 21 septembre.

Dans les années bissextiles, la date correspondante du calendrier grégorien est la même pour les six premiers mois ; mais, pour les six derniers, elle doit être diminuée d'un jour.

Les mois étaient divisés en trois périodes de dix jours chacune ou *décades ;* les jours s'appelaient : *primidi, duodi, tridi, quartidi, quintidi, sextidi, septidi, octidi, nonidi, decadi ;* ce dernier était un jour férié.

Ce système, qui n'offrait aucun avantage sérieux sur le calendrier grégorien, fut aboli par un sénatus-consulte, le 11 nivôse an XIV, époque qui correspond au 1er janvier 1806.

§ 4. Du jour et de la nuit.

DÉFINITIONS.

On dit qu'il *fait jour* en un lieu, quand le soleil est au-dessus de l'horizon réel de ce lieu, et qu'il *fait nuit*, quand il est au-dessous ; on peut d'ailleurs, à cause de la grande distance du soleil, substituer, dans cette définition, l'horizon rationnel à l'horizon réel.

De plus, le soleil ne décrit pas précisément des parallèles célestes dans son mouvement diurne, car il s'avance chaque jour d'un degré environ sur l'écliptique ; son mouvement propre combiné au mouvement diurne lui fait suivre sur la sphère céleste une immense courbe en spirale, renfermant un très-grand nombre de spires et comprise tout entière entre les deux parallèles qui passent par les points solsticiaux. Ces spires ayant une étendue considérable relativement à l'arc dont le soleil se déplace chaque jour sur l'écliptique, nous pourrons admettre qu'elles se confondent avec des parallèles célestes, et, par suite, considérer le soleil comme décrivant dans le cours de l'année une série de parallèles qui passent par les divers points de l'écliptique.

PROPOSITION 1.

PROBLÈME. — *Déterminer la durée relative du jour et de la nuit pour un point donné à la surface de la terre.*

Supposons que le point donné ait pour horizon le cercle AEBF (*fig.* 35) et que la hauteur du pôle au-dessus de son horizon soit mesurée par l'arc PB.

Il y a un jour dans l'année où le soleil passe de l'hémisphère austral dans l'hémisphère boréal ; ce jour-là, le cercle qu'il décrit sur la sphère céleste est l'équateur lui-même ECFD. Or, le grand cercle de l'équateur est divisé en deux parties égales par le grand cercle de l'horizon, c'est-à-dire que l'arc ECF est égal à FDE ; donc, à ce moment, le soleil restera aussi longtemps au-dessus qu'au-dessous de l'horizon : le jour sera égal à la nuit. Cette époque est dite l'*équinoxe de printemps* et tombe le 21 mars.

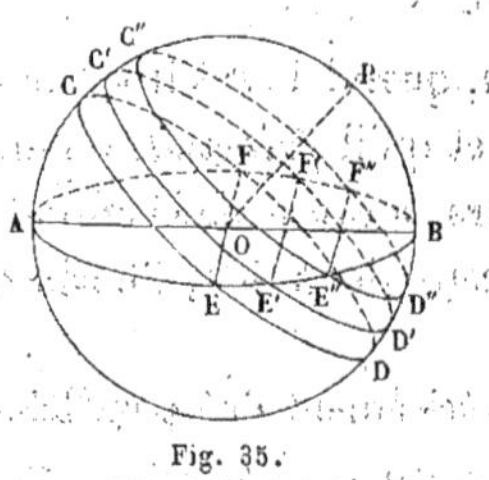

Fig. 35.

Quelque temps après, le soleil, s'avançant de quelques degrés sur l'écliptique, s'est rapproché du pôle boréal ; le cercle qu'il décrit n'est plus l'équateur ; c'est un petit cercle E'C'F'D' parallèle à l'équateur. Or, ce petit cercle est divisé en deux parties inégales par l'horizon, c'est-à-dire que l'arc E'C'F' est plus grand que l'arc F'D'E' ; donc, à ce moment, le soleil restera plus longtemps au-dessus de l'horizon qu'au-dessous ; le jour sera plus long que la nuit.

Le soleil continue ainsi, pendant trois mois, à se rapprocher du pôle boréal en s'avançant sur l'écliptique ; les jours grandissent de plus en plus, tandis que les nuits diminuent. Vers le 21 juin, il semble qu'il décrit plusieurs jours de suite le parallèle E"C"F"D" qui passe par un des points solsticiaux et que les jours ne grandissent plus : ce parallèle est le *tropique du Cancer* et cette époque le *solstice d'été*.

A partir de ce moment, le soleil s'éloigne du pôle boréal sur l'écliptique ; les jours diminuent et les nuits augmentent pendant trois mois. Arrive un jour où le soleil passe de l'hémisphère boréal dans l'hémisphère austral : le jour est de nouveau égal à la nuit. Cette époque est dite l'*équinoxe d'automne* et tombe vers le 21 septembre.

De l'équinoxe d'automne à l'équinoxe de printemps, le soleil recommence les mêmes phases de l'autre côté de l'équateur. Les jours diminuent encore pendant trois mois ; vers le 21 décembre, *solstice d'hiver*, le soleil décrit plusieurs jours de suite le *tropique du Capricorne*, et les jours recommencent à grandir jusqu'à l'équinoxe de printemps, qui nous a servi de point de départ.

Quelle que soit la position du point donné à la surface de la terre, on peut toujours, connaissant la hauteur du pôle au-dessus de l'horizon, faire une construction analogue à celle qui précède et déterminer par le même raisonnement la durée relative du jour et de la nuit pendant tout le cours de l'année.

Voici les résultats qu'on trouve dans chacune des grandes divisions de notre hémisphère.

1° Les jours et les nuits se succèdent inégalement et comme on vient de le dire, pour tous les points situés dans l'intérieur de la zone terrestre comprise entre le parallèle de 23° 27' et celui de 66° 33' : cette zone est dite *tempérée*.

2° Pour les habitants de la zone *torride*, l'inégalité des jours et des nuits est d'autant moins sensible, qu'ils se trouvent plus rapprochés de l'équateur ; elle disparaît même pour les peuples qui habitent sous l'équateur, et le jour a pour eux perpétuellement la même durée que la nuit : c'est pourquoi l'équateur terrestre reçoit souvent le nom de *ligne équinoxiale*. Ce qui est particulier à tous les lieux de la zone torride, c'est qu'il y a un jour de l'année où le soleil passe au zénith de l'observateur.

3° Dans la zone *glaciale*, l'inégalité des jours et des nuits va en augmentant à mesure qu'on s'approche du pôle. Déjà sous le parallèle de 66° 33', il y a un jour et une nuit dans l'année qui durent 24 heures ; mais, dans le voisinage du pôle, les habitants cessent de voir le soleil, au solstice d'hiver, pendant des semaines entières, et, par contre, ces peuples le voient, vers le solstice d'été, se maintenir plusieurs mois de suite au-dessus de leur horizon.

Au pôle même, il n'y aurait rigoureusement parlant qu'un jour et qu'une nuit de six mois, si le fait de l'inégalité des jours et des nuits n'était pas modifié par la réfraction atmosphérique et surtout par le crépuscule.

DÉFINITION.

CRÉPUSCULE. — On donne le nom de *crépuscule* à cette lumière diffuse qui précède le lever et accompagne le coucher du soleil ; le crépuscule du matin est connu sous le nom d'*aurore*.

Le fait du crépuscule est dû à la présence de l'atmosphère qui entoure complétement la terre : les molécules atmosphériques réfléchissent en tous sens la lumière qui émane directement du soleil ; par suite, une partie de cette lumière, même en l'absence des rayons directs du soleil, peut se réfléchir sur les parties hautes de l'atmosphère et tomber sur la terre en l'éclairant : telle est la cause du crépuscule.

PROPOSITION 2.

PROBLÈME. — *En quoi le crépuscule modifie-t-il le fait de l'inégalité des jours et des nuits ?*

On comprend que le crépuscule doit, d'une manière générale, abréger la durée des nuits avec plus d'efficacité dans le voisinage des pôles que sous l'équateur, car les parallèles que décrit le soleil dans le cours de l'année sont vus plus obliquement du pôle que de l'équateur ; le froid des régions polaires tend d'ailleurs à augmenter la densité des couches d'air atmosphérique et par suite la diffusion des rayons solaires.

Pour déterminer exactement l'effet du crépuscule en un lieu quelconque, on commence par estimer le temps qui s'écoule en ce lieu depuis le coucher du soleil jusqu'au moment où l'on peut découvrir à simple vue les étoiles de sixième grandeur. L'expérience a démontré que, dans la zone tempérée, ce temps est égal à celui que le soleil met à s'abaisser de

18° au-dessous de l'horizon. Si l'on conçoit alors un cercle parallèle à l'horizon du lieu et situé à 18° au-dessous de l'horizon, on pourra dire qu'il fait jour en ce lieu tant que le soleil reste au-dessus de ce cerclé, qu'on nomme *cercle crépusculaire*, et que la nuit est complète dès que le soleil a passé au-dessous de ce cercle. Il suffit donc, dans la proposition précédente, de remplacer le cercle de l'horizon par le cercle crépusculaire correspondant et de recommencer le raisonnement ; les résultats qu'on trouvera ainsi feront connaître le fait de l'inégalité des jours et des nuits tel qu'il est modifié par le crépuscule.

COROLLAIRE. — *A Paris, il y a un jour qui dure 24 heures, si l'on tient compte de l'effet du crépuscule.* En effet, le tropique du Cancer que décrit le soleil au solstice d'été est à une distance de 23° 27' de l'équateur, et le cercle crépusculaire de Paris se trouve incliné sur l'équateur de 48° 50' — 18° ou 30° 50' ; par conséquent, le parallèle décrit par le soleil au solstice d'été sera tout entier au-dessus du cercle crépusculaire, et ce jour-là le soleil ne descendra pas assez au-dessous de l'horizon pour que la nuit soit complète. Donc, à Paris, il y a un jour dans l'année qui dure 24 heures, si l'on tient compte du crépuscule.

DÉFINITION.

SAISONS. — D'après ce qui précède, il y a pour les habitants de notre zone tempérée une période de l'année pendant laquelle les jours grandissent ; elle commence à l'équinoxe de printemps et finit au solstice d'été ; c'est la *saison du printemps*. Vient ensuite une autre période pendant laquelle les jours diminuent ; elle commence au solstice d'été et finit à l'équinoxe d'automne ; c'est la saison de l'*été*. Viennent enfin deux autres saisons : l'*automne* pendant lequel les jours con-

tinuent à diminuer, et l'*hiver*, pendant lequel ils recommencent à grandir.

Des saisons analogues se succèdent pour les habitants de
la zone tempérée de l'hémisphère austral, mais en sens inverse : leur été correspond à notre hiver, et leur automne à
notre printemps.

PROPOSITION 3.

Théorème. — *Les quatre saisons sont inégales en durée.*

La cause de cette inégalité tient à la forme elliptique de
l'orbite solaire et à la position de la ligne des équinoxes
dans cette orbite. Nous avons vu en effet que la ligne des
équinoxes est, par définition, perpendiculaire à celle des solstices ; d'ailleurs celle-ci ne se confond pas tout à fait aujour-
d'hui avec la ligne des apsides, c'est-à-dire avec le grand
axe de l'ellipse. Ces trois lignes occupent à peu près dans
l'orbite solaire les positions des lignes βγ, BC et AP (*fig.* 34).

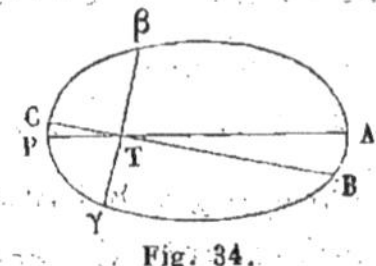

Or, on voit immédiatement sur la
figure que le secteur CTγ est plus petit
que CTβ, de même que le secteur BTγ
est plus petit que BTβ ; par conséquent,
le soleil devra mettre moins de temps,
en vertu du principe des aires, pour aller de C en γ, que de β
en C, et moins de temps pour aller de γ en B, que de B
en β ; en d'autres termes, l'hiver est plus court que l'automne, comme le printemps est plus court que l'été : cette
différence n'est que de quelques heures.

On voit aussi sur la figure que le secteur CTγ augmenté
de CTβ, forme une surface moindre que le secteur BTγ augmenté de BTβ ; par conséquent, la somme de l'hiver et de
l'automne est moindre que celle de l'été et du printemps :
cette différence, qui est plus grande que la première, est de
8 jours environ.

Voici d'ailleurs la longueur exacte des quatre saisons :

Printemps	$92^j \ 20^h \ 59^m$	Automne	$89^j \ 18^h \ 35^m$
Été	$93^j \ 14^h \ 13^m$	Hiver	$89^j \ 0^h \ 2^m$

§ 5. Conséquences de la rétrogradation des points équinoxiaux.

DÉFINITION.

PRÉCESSION DES ÉQUINOXES. — Nous avons reconnu (65) que l'axe terrestre est animé d'un mouvement conique et rétrograde autour de l'axe de l'écliptique, et, par suite, que les deux points équinoxiaux ont sur l'écliptique un mouvement de rétrogradation de $50'',2$ par année. Or, on sait d'ailleurs qu'il y a équinoxe pour les habitants de la terre, lorsque le soleil, dans son mouvement propre, passe à l'un de ces points ; il en résulte que l'équinoxe devra se produire chaque fois un peu plus tôt que si la rétrogradation n'avait pas lieu. Ce résultat est particulièrement connu sous le nom de *précession des équinoxes*.

Le fait de la précession des équinoxes, qu'on confond quelquefois sous la même dénomination avec le mouvement dont il est l'effet, entraîne plusieurs conséquences importantes.

PROPOSITION 1.

THÉORÈME. — *La durée des saisons n'est pas constante.*

En effet, la durée des saisons dépend de la position qu'occupe la ligne des équinoxes et, par suite, celle des solstices dans l'orbite solaire ; or, cette position change, quoique très-lentement, avec les siècles, puisque le point équinoxial γ rétrograde de $50'',2$ par année et se rapproche ainsi de $62'',2$ du périgée. La ligne $\beta\gamma$ arrivera un jour à se con_

7

fondre avec celle des apsides AP (*fig.* 34); déjà, la ligne

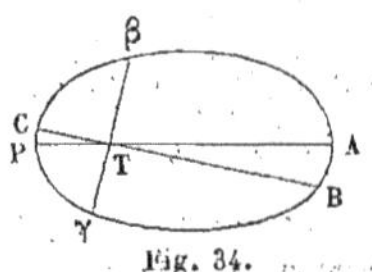

AP a dû coïncider avec celle des solstices BC : à cette époque, qui remonte à l'an 1250 de notre ère, l'hiver était égal à l'automne, le printemps à l'été, et ces deux dernières saisons étaient, comme à présent, plus longues que les deux autres.

Il y a eu une autre époque encore plus éloignée, à laquelle la ligne des équinoxes était, comme elle le redeviendra un jour, confondue avec celle des apsides : à cette époque, le printemps était égal à l'hiver, l'été à l'automne, et ces deux dernières saisons étaient les plus courtes. Un calcul des plus simples montre que cette époque est à peu près celle que les chronologistes assignent à la création du monde. On est donc en droit d'affirmer que la durée des saisons n'est pas constante.

PROPOSITION 2.

Théorème. — *Les deux pôles ne sont pas fixes sur la sphère céleste.*

Considérons le pôle boréal, c'est-à-dire le pôle visible ; ce pôle n'est autre chose que le point où l'axe terrestre rencontre la sphère céleste. Or, ce point décrit effectivement en 26000 ans (65) un petit cercle de la sphère céleste qui a pour pôle géométrique celui de l'écliptique et pour rayon sphérique un arc de 23° 27′; il en est de même évidemment du pôle austral. Donc, les pôles du monde ne sont pas fixes sur la sphère céleste.

Il y a 4000 ans, le pôle boréal se trouvait voisin d'α du Dragon ; il s'est ensuite rapproché de β de la petite Ourse. Actuellement, il est à 1° environ de cette constellation et s'en rapprochera encore, pendant plus de deux siècles, d'un demi-degré, pour s'en éloigner ensuite. On peut aisément prévoir que, dans 8000 ans, ce sera l'étoile α du Cygne et, dans 12000 ans, l'étoile Wéga de la Lyre qui servira d'étoile polaire.

COROLLAIRE. — *Le déplacement du pôle doit modifier à la longue l'aspect que présente en un lieu le ciel étoilé :* telle étoile qui n'est jamais visible s'élèvera un jour au-dessus de l'horizon, et telle autre qui a aujourd'hui un lever et un coucher restera perpétuellement visible et deviendra circumpolaire.

PROPOSITION 3.

THÉORÈME. — *Le soleil est en retard d'un signe dans le zodiaque.*

Chaque année, le soleil, en vertu de son mouvement propre, parcourt les douze signes du zodiaque, dans le sens direct et dans l'ordre que nous avons déjà indiqué (54). Or, à l'époque où on imagina le zodiaque, le soleil entrait certainement dans le signe du Bélier, à l'équinoxe de printemps et de mois en mois dans chacun des autres; mais, depuis cette époque qui remonte à 2156 ans environ, les points équinoxiaux ont rétrogradé sur l'écliptique de $52'',2 \times 2156$ ou 30 degrés à peu près. Le point équinoxial de printemps se trouve avoir ainsi rétrogradé de toute la largeur d'un signe, c'est-à-dire au commencement du signe des Poissons; par conséquent, l'équinoxe de printemps arrive maintenant lorsque le soleil entre, non plus dans le Bélier, mais dans les Poissons : c'est ce qu'on exprime en disant que le soleil est en retard d'un signe dans le zodiaque.

Remarque. La date de l'invention du zodiaque n'est pas bien certaine; on sait que le zodiaque était connu d'Hipparque et de Ptolémée (130 ans av. J.-C.). S'il y a quelque indécision sur les limites des constellations zodiacales, qui puisse laisser des doutes sur l'exactitude de cette date, du moins le retard actuellement constaté du soleil dans le zodiaque ne permet de reculer cette date que de quelques centaines d'années, et il faut renoncer à la faire remonter, comme on l'a tenté, jusqu'à des époques antérieures aux temps historiques.

QUESTIONS.

Quelle serait la nature du mouvement du soleil sur son orbite, si sa vitesse angulaire était proportionnelle à son diamètre apparent ?

Calculer approximativement la date à laquelle la ligne des équinoxes sera confondue avec celle des apsides.

Quelles sont la date russe et la date républicaine correspondant au 12 décembre 1804 ?

Préciser, d'après le principe des aires, quelle est la position de la terre où sa vitesse de translation est maximum ou minimum.

Pourquoi fait-il plus chaud en été qu'en hiver, et en été qu'au printemps ?

Pourquoi le soleil parait-il rougeâtre à son lever et à son coucher ?

Chercher la cause de la brise de mer.

Quelle serait la succession des jours et des nuits pour les habitants de la terre, si le plan de l'équateur coïncidait avec celui de l'écliptique.

LIVRE IV

DE LA LUNE.

—

CHAPITRE PREMIER

Théorie des mouvements de la lune.

Mouvement diurne et mouvement propre de la lune.

PROPOSITION 1.

THÉORÈME. — *La lune prend part au mouvement diurne de la sphère céleste.*

Cette proposition se démontre comme s'il s'agissait du soleil (51).

PROPOSITION 2.

THÉORÈME. — *La lune est animée d'un mouvement propre, direct et mensuel sur la sphère céleste.*

Cette proposition s'établit comme celle qui est relative au soleil (51 et 52).

DÉFINITIONS.

ASCENSION DROITE ET DÉCLINAISON DE LA LUNE. — La lune n'apparaît pas sur la sphère céleste comme les étoiles, sous la forme d'un simple point brillant, ni comme le soleil, sous la forme d'un disque toujours arrondi. Tantôt elle a la forme d'un cercle entièrement lumineux ; on la nomme alors *pleine lune* : tantôt elle se présente comme un demi-cercle, comme un croissant mince ou comme un croissant élargi ; ce sont les divers *quartiers* de la lune. Malgré des aspects si divers, qu'on nomme généralement ses *phases*, on reconnaît toujours que les deux pointes de la partie brillante, quand le disque n'est pas complet, sont situées aux extrémités d'un diamètre du cercle entier ; d'où il résulte qu'il y a toujours un des bords de la lune qui est visible en haut ou en bas, comme aussi à l'orient ou à l'occident.

Nous appellerons *centre* de la lune le milieu de ce diamètre et *diamètre apparent* de la lune la distance angulaire des deux extrémités de ce diamètre, sauf à le déterminer plus loin d'une manière particulière (118).

Pour trouver la déclinaison du centre de la lune, il suffit de chercher la D du bord inférieur ou supérieur qui est visible et d'y ajouter ou retrancher le demi-diamètre apparent ; de même pour trouver son ascension droite, on cherchera celle du bord oriental ou occidental et on y ajoutera ou retranchera le demi-diamètre apparent. L'*Æ* et la D du centre de la lune, à un moment donné, déterminent la position de ce point sur la sphère céleste, et, par suite, celle de la lune.

On peut aussi, des coordonnées équatoriales de la lune, déduire les valeurs de ses coordonnées célestes, c'est-à-dire sa longitude et sa latitude ; cela fournit un second moyen de déterminer la position de cet astre sur la sphère céleste.

PROPOSITION 3.

THÉORÈME. — *La lune, dans son mouvement propre, décrit sur la sphère céleste un grand cercle incliné à l'écliptique.*

On procède, pour démontrer cette proposition, comme on a fait pour le soleil (53), en limitant les observations à l'espace d'un mois et se servant des coordonnées célestes au lieu des coordonnées équatoriales.

Corollaire. — *La courbe décrite par la lune dans son mouvement propre est plane.*

DÉFINITIONS.

Nœuds de la lune. — Le plan AαDδ (*fig.* 36), dans lequel se meut la lune coupe le cercle de l'écliptique BβCγ suivant un diamètre αδ de la sphère céleste; les extrémités α et δ de ce diamètre sont dites les *nœuds de la lune*. Celui des deux que l'astre quitte quand il se rend dans l'hémisphère boréal se nomme *nœud ascendant* ☊; l'autre est le *nœud descendant* ☋.

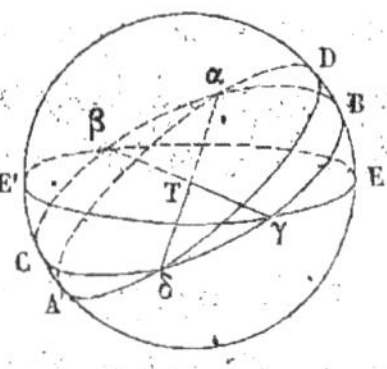

Fig. 36.

Le plan dans lequel se meut la lune fait avec l'écliptique un angle dièdre qui a pour mesure l'arc DB, c'est-à-dire la plus grande valeur de la latitude de la lune; cette valeur est à peu près constante comme l'obliquité de l'écliptique, et est égale à 5° 8′ : c'est pourquoi, dans l'étude des mouvements de la lune, on rapporte toujours ces mouvements au plan de l'écliptique et non pas à l'équateur.

N'oublions pas, du reste, que la sphère céleste est une sphère tout à fait idéale et que le grand cercle décrit par la lune dans son mouvement propre n'est pas le lieu géométrique des positions que cet astre prend successivement dans l'espace ; ce lieu se nomme particulièrement l'*orbite de la lune*.

PROPOSITION 4.

Théorème. — *L'orbite de la lune est une ellipse dont la terre occupe un foyer.*

En effet, si l'on compare les différentes valeurs que peut prendre son diamètre apparent dans l'intervalle d'un mois, on trouve qu'elles varient entre deux limites extrêmes, qui sont 33′ 31″ et 29′ 22″; il en résulte d'abord, en vertu de la proposition 4 (55), que la distance de la lune à la terre change continuellement dans le cours du mois, qu'elle passe dans l'intervalle par un maximum et par un minimum, et, par suite, que l'orbite de la lune n'est pas un cercle ayant la terre à son centre.

Supposons ensuite qu'on marque sur un globe céleste, comme on l'a déjà dit, les positions successives de la lune, observée tous les jours du mois au moment où elle passe au méridien, et qu'on note en même temps le diamètre apparent qui correspond à chaque observation. Si l'on décrit sur un plan un cercle de même rayon que le globe et si l'on achève cette construction plane, en opérant comme pour le soleil (56), on reconnaît ainsi que l'orbite de la lune est une ellipse dont la terre occupe un foyer.

DÉFINITIONS.

Apogée. Périgée. Distance moyenne. — D'après ce qui précède, il y a un point de l'orbite de la lune qui est plus rapproché de la terre que tous les autres; il se nomme *périgée lunaire;* il y en a aussi un qui est plus éloigné de la terre que tous les autres, c'est l'*apogée lunaire.* La ligne qui joint l'apogée au périgée se nomme encore *ligne des apsides* et se confond avec le grand axe de l'orbite lunaire.

On désigne par *distance moyenne* de la lune à la terre, la demi-somme des distances maximum et minimum, c'est-à-dire le demi-grand axe de l'orbite lunaire; à cette distance moyenne correspond à peu près le diamètre apparent moyen de la lune, qui est de 31′ 22″.

Vitesse angulaire. — La vitesse angulaire de la lune se définit et se détermine comme celle du soleil (57). Elle est plus variable que celle du soleil.

On donne le nom de *rayon vecteur de la lune* à toute ligne menée du centre de la terre à celui de la lune ; ce rayon vecteur de la lune décrit dans le cours du mois la surface entière de l'orbite lunaire.

PROPOSITION 5.

THÉORÈME. — *Les aires décrites par le rayon vecteur de la lune sont proportionnelles aux temps employés à les décrire.*

La démonstration de ce théorème est la même que celle déjà faite pour le soleil (58).

DÉFINITION.

AXE DE L'ORBITE LUNAIRE. — Si l'on mène par le centre de l'orbite lunaire une droite perpendiculaire à son plan, la droite ainsi menée se nomme l'*axe de l'orbite lunaire ;* elle est située relativement à l'orbite lunaire comme l'axe de l'écliptique par rapport à l'orbite terrestre ; l'axe de l'orbite lunaire ne se confond pas avec l'axe de l'écliptique ou de l'orbite terrestre, attendu que ces deux orbites n'ont pas le même centre et ne sont pas dans le même plan.

PROPOSITION 6.

THÉORÈME. — *L'axe de l'orbite lunaire est animé d'un mouvement conique de révolution et rétrograde autour d'une droite passant par le centre de l'orbite lunaire et parallèle à l'axe de l'écliptique.*

Supposons, en effet, que l'axe de l'orbite lunaire tourne dans le sens rétrograde autour d'une droite passant par le centre de l'orbite lunaire et parallèle à l'axe de l'écliptique, il entraîne avec lui le plan de l'orbite lunaire, qui lui est à chaque instant perpendiculaire, et, par suite, la ligne des nœuds; chaque nœud doit donc rétrograder sur l'écliptique avec la vitesse même de l'axe mobile. Or, si l'on détermine à diverses reprises la longitude du nœud ascendant, par exemple, en suivant le même procédé que pour déterminer la position exacte du point¦équinoxial de printemps (62, Pr. 8), on trouve précisément des valeurs variables, qui vont toutes en diminuant. Cette diminution, qui est à peu près constante, a pour valeur moyenne $19°19'$ par an, et accuse l'existence d'un mouvement rétrograde assez rapide de la ligne des nœuds. On doit en conclure que l'axe de l'orbite lunaire est animé d'un mouvement conique de révolution et rétrograde autour d'une droite passant par le centre de l'orbite et parallèle à l'axe de l'écliptique.

Chaque nœud met environ 18 ans et demi à revenir à la même longitude : telle doit être aussi la durée du mouvement de révolution de l'axe de l'orbite lunaire.

COROLLAIRE. — *Ce mouvement produit des variations considérables dans l'inclinaison de l'orbite lunaire sur l'équateur :* tantôt le plan de l'orbite lunaire fait avec celui de l'équateur un angle égal à l'obliquité de l'écliptique, tantôt un angle plus petit ou plus grand ; la différence peut atteindre en plus ou en moins le chiffre de $5°8'$ qui exprime l'angle de l'orbite lunaire avec l'écliptique. Ces variations n'altèrent pas d'ailleurs la valeur de cet angle qui est à peu près constante.

PROPOSITION 7.

THÉORÈME. — *La ligne des apsides tourne dans le plan de l'orbite lunaire, et ce mouvement est direct.*

Cette proposition se démontre comme la proposition analogue pour l'orbite solaire (66).

Le mouvement dont il est ici question est beaucoup plus rapide que le mouvement sidéral du périgée, puisqu'il s'accomplit dans l'espace de 9 ans; d'ailleurs, il n'est pas uniforme, car il se ralentit pendant que celui de la lune s'accélère. Il est connu sous le nom de *révolution de la ligne des apsides*.

DÉFINITION.

Inégalités du mouvement lunaire. — Les mouvements que nous venons de constater sont les principaux qui affectent la lune ; leur ensemble constitue son *moyen mouvement*. Ce moyen mouvement est perpétuellement troublé par des inégalités du même genre que celles du mouvement solaire.

Ainsi, l'axe de l'orbite lunaire se balance légèrement au-dessus et au-dessous d'une position moyenne, ce qui rend légèrement variable l'inclinaison de l'orbite sur l'écliptique ; quatre autres inégalités, connues sous les noms d'*équation du centre*, d'*évection*, de *variation*, d'*équation annuelle*, modifient encore un peu le moyen mouvement de la lune.

CHAPITRE II

Distance de la lune à la terre.
Dimensions, masse et densité de la lune.

DÉFINITION.

PARALLAXE DE LA LUNE. — La parallaxe de la lune se définit exactement comme celle du soleil ; mais il n'est pas nécessaire, comme pour le soleil, de recourir à un procédé particulier pour déterminer la parallaxe horizontale de la lune. La méthode générale que nous avons indiquée (68) réussit, quand il s'agit de la lune, et donne des résultats compris entre deux limites, dont la valeur moyenne est 57'.

PROPOSITION 1.

PROBLÈME. — *Déterminer la distance de la lune à la terre.*

On résout cette question comme celle de la page 69, **Pr. 1**, et l'on trouve pour résultat que la distance moyenne de la lune à la terre est égale à un rayon terrestre multiplié par le nombre 60,3114.

Remarque. Comme il y a une incertitude d'une demi-seconde sur la valeur de la parallaxe, on ne peut pas répondre exactement du dernier chiffre du nombre 60,3114. On dit, en nombres ronds, que la distance moyenne de la lune à la terre est de 60 rayons terrestres ; cette distance varie d'ailleurs entre 56 et 64 rayons terrestres.

PROPOSITION 2.

THÉORÈME. — *Le rayon de la lune vaut à peu près les $\frac{3}{11}$ de celui de la terre.*

La démonstration de ce théorème est identique à celle de la proposition 2 (69 et 70).

COROLLAIRE. — *La lune est* 50 *fois moins volumineuse que la terre ;* en effet, puisque le rapport des rayons est $\frac{3}{11}$, celui des volumes égalera $\frac{3^3}{11^3}$ où, à peu près, $\frac{1}{50}$.

DÉFINITIONS.

MASSE ET DENSITÉ DE LA LUNE. — La masse de la lune et sa densité se définissent comme celles du soleil ; leur détermination dépend du théorème de mécanique que nous avons déjà énoncé (71, Pr. 3).

PROPOSITION 3.

THÉORÈME. — *La masse de la lune est* 88 *fois moins grande que celle de la terre.*

Nous admettrons cette proposition, sans la démontrer, comme pour le soleil.

COROLLAIRE. — *La densité moyenne de la lune est à peu près les $\frac{3}{5}$ de celle de la terre ;* en effet, elle est exprimée approximativement, si l'on prend la densité de la terre comme unité, par le quotient $\frac{50}{88}$ qui est égal à 0,6 environ.

PROPOSITION 4.

PROBLÈME. — *Quelle est la nature physique de la lune ?*

Si l'on examine la lune avec un télescope, on reconnaît qu'elle renferme, comme le soleil, dans sa partie lumineuse, des taches plus ou moins sombres ; mais, contrairement à ce que l'on voit sur le soleil, ces taches sont presque fixes et conservent sensiblement la même position sur le disque lunaire : la lune nous présente ainsi perpétuellement la même face.

Montagnes. — Les taches de la lune ont une forme et une teinte très-variables ; un grand nombre d'entre elles apparaissent comme des points noirs, bien marqués, entourés d'une partie plus claire qui s'allonge comme une ombre dans le sens opposé au soleil, pour diminuer et disparaître à certains moments : c'est surtout à l'époque de la pleine lune que se produisent ces variations. La partie sombre de ces taches est produite par de profondes cavités à l'intérieur desquelles ne peuvent pas pénétrer les rayons directs du soleil ; les autres sont dues à la présence de hautes montagnes qui s'élèvent autour de ces cavités. On voit nettement ces montagnes avec leurs effets d'ombre et de lumière, lorsqu'on regarde l'astre des nuits dans une bonne lunette : elles se montrent disposées en forme circulaire, tout à fait analogues à des cratères de volcans, comme l'indique la figure 38, planche 3.

L'existence de ces montagnes est encore démontrée par les dentelures nombreuses et profondes qu'on découvre sur le bord intérieur de la lune, lorsqu'elle se présente avec l'aspect d'un croissant.

Enfin, l'on remarque dans les régions obscures du disque qui avoisinent le croissant sans en faire partie, des points très-brillants, isolés, qui ne peuvent être que des sommets de montagnes, éclairés par les derniers rayons du soleil, pendant que leur base est plongée dans l'obscurité.

L'élévation de quelques-unes de ces montagnes a même pu être mesurée par des procédés micrométriques ; on a trouvé qu'elles sont, en général, plus hautes que les montagnes de la terre.

La lune a donc une surface essentiellement montagneuse et volcanique.

Absence d'atmosphère. — Si la lune a une atmosphère, cette atmosphère est dépourvue de nuages ; autrement, ces nuages nous cacheraient certaines parties de son disque et la lune ne présenterait pas constamment le même aspect dans la même phase. En admettant que cette atmosphère soit transparente, elle devrait du moins occasionner à la surface de l'astre un phénomène analogue au crépuscule, c'est-à-dire une dégradation de lumière entre la partie brillante et la partie obscure. Or, l'expérience a précisément démontré le contraire, ce qui exclut l'hypothèse d'une atmosphère transparente. Enfin, cette conclusion se trouve confirmée par le fait de l'occultation des étoiles. Supposons que la lune vienne, dans son mouvement propre, s'interposer entre une étoile et l'œil d'un observateur ; l'étoile disparaîtra, et, en admettant que l'occultation soit centrale, la durée de l'occultation devra, si la lune n'a point d'atmosphère, égaler le temps que la lune met à parcourir dans le ciel un arc égal à son diamètre apparent : ce temps peut d'ailleurs être calculé, puisqu'on connaît chaque jour la vitesse angulaire de la lune. Si, au contraire, la lune a une atmosphère, la durée de l'occultation devra être un peu moins grande que le même temps, car, dans cette hypothèse, l'étoile disparaîtra un peu plus tard, à cause de la réfraction, et reparaîtra un peu plus tôt que s'il n'y avait point d'atmosphère. Or, l'expérience a démontré que la durée de l'occultation est toujours égale au temps que donne le calcul. Donc, la lune n'a point d'atmosphère, ou, du moins, cette atmosphère se trouve dépourvue de nuages et tellement rare qu'elle ne dévie pas les rayons lumineux.

Absence d'eau. — Si la lune n'a point d'atmosphère, le ciel n'y est pas bleu dans la journée comme sur la terre, car cette couleur est due à la grande épaisseur de l'air ; il y est toujours noir et les étoiles doivent briller en plein midi. Le jour y succède brusquement à la nuit ; la chaleur et la lumière n'y sont répandues que dans la direction des rayons solaires : hors de ces points, règnent des ténèbres absolues et un froid intense. Il n'y a point d'eau, car cette eau, en l'absence de l'air, se réduirait immédiatement en vapeurs, et ces vapeurs formeraient une atmosphère sensible ; enfin, il n'y a pas de plantes, ni d'animaux, puisque l'eau et l'air sont indispensables à l'existence des êtres organisés.

En résumé, nous devrons considérer la lune, sous le rapport physique, comme un globe opaque, à peu près sphérique, assez semblable à celui de la terre, quoique plus petit, privé d'atmosphère et, par conséquent, de tous les phénomènes que nous attribuons à la présence de l'air.

CHAPITRE III

Conséquences et applications de la théorie des mouvements de la lune.

§ 1ᵉʳ. Explication des phases de la lune.

PROPOSITION 1.

Problème. — *Déterminer les phases de la lune correspondant aux diverses positions qu'elle occupe sur son orbite.*

Remarquons d'abord que le soleil est assez éloigné de la terre pour qu'on puisse considérer comme sensiblement parallèles toutes les lignes menées du soleil à un point quelconque de l'orbite lunaire, et supposons, ce qui est à peu près vrai, que l'orbite lunaire soit un cercle tracé dans le plan de l'écliptique. Le cercle ABCDE... (*pl.* 3, *fig.* 39) représentant cette orbite divisée en huit parties égales et le point T la place de la terre, il arrivera nécessairement un moment où la lune sera située entre le soleil et la terre : soit A cette position de la lune. L'hémisphère MON est éclairé par le soleil, tandis que l'hémispère MIN, tourné vers la terre, est plongé dans l'ombre ; la lune est donc complétement invisible de la terre. Cette phase est connue sous le nom de *néoménie** ou *nouvelle lune.*

Le quatrième jour après la néoménie, la lune est venue en B ; l'hémisphère MON est encore éclairé par le soleil, tandis que l'hémisphère MIN est plongé dans l'ombre. Mais si l'on mène par le point B un plan perpendiculaire au rayon TB, ce plan divisera la lune en deux autres hémisphères, dont

---

* Chaque néoménie était célébrée par une fête dans l'antiquité.

l'un KML est tourné vers la terre ; or, il y a dans l'hémisphère éclairé par le soleil et dans celui qui est tourné vers la terre une partie commune dont la projection sur l'écliptique est le secteur KBM ; cette partie, qui regarde l'ouest, pourra se voir de la terre et présentera à l'œil l'aspect d'un mince croissant lumineux, formé par un demi-cercle et une demi-ellipse terminés aux extrémités d'un même diamètre lunaire. La lune se lève et se couche alors peu de temps après le soleil.

Le septième jour après la néoménie, la lune est venue au point C ; l'hémisphère MKN est encore éclairé par le soleil, et l'hémisphère KML tourné vers la terre. Or, il y a dans ces deux hémisphères une partie commune, dont la projection sur l'écliptique est le quart de cercle KCM ; cette partie, qui regarde l'ouest, pourra se voir de la terre et se présentera à l'œil sous la forme d'un demi-cercle lumineux : cette phase est le premier *quartier* de la lune. Elle se lève alors au milieu du jour et se couche au milieu de la nuit.

Le douzième jour après la néoménie, la lune est venue au point D ; la partie tournée vers l'ouest qui pourra être vue de la terre s'est agrandie ; elle a pour projection sur l'écliptique le secteur KDM et présente à l'œil l'aspect d'un croissant lumineux élargi, formé par un demi-cercle et une demi-ellipse terminés aux extrémités d'un même diamètre lunaire. La lune se lève alors peu de temps après le coucher du soleil.

Environ quinze jours après la néoménie, la lune est arrivée au point E. Dans cette position, l'hémisphère MON qui est seul éclairé par le soleil est en même temps celui qui est tourné vers la terre ; cet hémisphère tout entier pourra être vu de la terre et se présentera sous l'aspect d'un cercle lumineux : cette phase est connue sous le nom de *pleine lune.*

Il est évident que la lune se lève alors en même temps que le soleil se couche et se couche en même temps que le soleil se lève.

A partir de ce moment, la lune décrit la seconde partie de son orbite en repassant par les mêmes phases dans l'ordre inverse : elle offre successivement à l'œil un nouveau *croissant élargi*, un dernier *quartier*, puis un *mince croissant* dans la partie de son disque qui regarde l'est, jusqu'à ce qu'elle soit revenue entre le soleil et la terre.

Les deux phases de la néoménie et de la pleine lune reçoivent le nom commun de *syzygies;* le premier et le deuxième quartier, celui de *quadratures.*

Remarque. Nous avons supposé que le soleil est assez éloigné de la lune pour que les rayons solaires tombant sur la lune, dans quelque position qu'elle se trouve, soient tous parallèles entre eux, tandis qu'en réalité ces rayons ne sont pas parallèles : il en résulte une petite différence dans la largeur des phases. De même, l'orbite de la lune n'est pas un cercle tracé dans le plan de l'écliptique; la lune est tantôt d'un côté, tantôt de l'autre de ce plan, et à une distance variable de la terre : on reconnaît facilement que chacune de ces conditions doit exercer une influence, mais une influence très-légère, sur l'amplitude et la succession des phases. On peut, par conséquent, considérer la description qui précède comme donnant une idée assez exacte du phénomène des phases.

PROPOSITION 2.

THÉORÈME. — *La terre a des phases qui sont complémentaires des phases de la lune.*

Si l'on suppose, en effet qu'un observateur soit placé sur l'hémisphère lunaire qui est perpétuellement tourné vers la terre, notre globe devra lui présenter des phases analogues à celles que nous offre la lune : au moment où la lune est nouvelle pour nous, la terre sera visible pour lui sous la forme d'un disque entièrement lumineux; au moment où nous avons la pleine lune, la terre lui deviendra invisible; à chaque phase de la lune, correspondra pour le sélénite une phase inverse de la terre, avec cette différence que la terre ayant une surface 13 à 14 fois plus grande que celle de lune, le *clair de terre* devra répandre sur la lune une lumière d'intensité beaucoup plus grande que celle du *clair de lune* sur la terre. C'est ce qu'on exprime en disant que la terre a des phases qui sont complémentaires des phases de la lune.

Corollaire. — *Nous ne cessons pas tout à fait de voir la lune, au moment où elle est nouvelle.* En effet, c'est à ce moment que le clair de terre a son plus grand effet sur la lune ; la lune se trouve alors un peu éclairée par la terre, et ce peu de lumière, en se réfléchissant de notre côté, nous permet de distinguer le contour de la lune et même les parties intérieures, bien que l'hémisphère entier tourné vers nous ne reçoive directement aucun rayon du soleil.

Cette lumière doublement réfléchie se nomme *lumière cendrée* ; elle n'est pas, comme on l'avait cru longtemps, une lumière propre à la lune.

§ 2. Du mois lunaire.

DÉFINITIONS.

Révolution tropique, sidérale et synodique. — Nous avons dit, d'une manière générale, que la lune dans son mouvement propre, met un mois à accomplir sa révolution ; il y a lieu de définir d'une manière précise ce qu'on entend par mois lunaire.

On appelle *révolution tropique,* le temps que cet astre met à revenir à la même longitude ; *révolution sidérale,* le temps qu'il met à revenir à la même étoile, et *révolution synodique,* celui qu'il met à revenir à la même phase.

La révolution synodique se nomme particulièrement *lunaison* ; elle est égale évidemment au temps qui s'écoule
entre deux rencontres successives du soleil et de la lune sur
le même cercle de longitude. L'*âge* de la lune n'est autre
chose que le temps écoulé depuis la dernière néoménie.

PROPOSITION 1.

THÉORÈME. — *La révolution sidérale de la lune est un peu
plus longue que sa révolution tropique et plus courte que sa
révolution synodique.*

Supposons que la lune soit aujourd'hui sur le cercle de
longitude d'une étoile ; lorsqu'elle sera revenue, par suite de
son mouvement propre sur le cercle de longitude de la même
étoile, sa révolution sidérale sera terminée. Mais, pendant ce
temps, la longitude de l'étoile a dû augmenter, car le point
équinoxial de printemps, origine des longitudes, est animé
d'un mouvement rétrograde ; la lune a donc dépassé l'endroit
où elle avait la même longitude qu'au point de départ. Or,
c'est précisément à cet endroit que s'accomplissait sa révolu-
lution tropique ; par conséquent, la révolution sidérale de la
lune est un peu plus longue que sa révolution tropique : cette
différence est très-petite et de 5 à 6 secondes seulement.

On reconnaîtra de la même manière que la révolution sidérale de la lune est plus courte que sa révolution synodique.

PROPOSITION 2.

PROBLÈME. — *Évaluer la durée de la révolution tropique.*

On détermine pour cela le moment précis où la lune dans
son orbite passe sur le cercle de longitude du point équinoxial de printemps, c'est-à-dire le moment précis où sa longitude est nulle ; cette détermination se fait d'ailleurs comme
celle de la page 81, Pr. 2 ; l'espace de temps compris entre

deux passages consécutifs de la lune sur ce cercle de longitude est égal à la durée de la révolution tropique. On peut aussi atténuer l'erreur du résultat en partant de deux observations très-éloignées l'une de l'autre et divisant l'espace de temps par le nombre des révolutions accomplies dans l'intervalle.

En opérant ainsi, on a trouvé que la valeur moyenne de la révolution tropique de la lune est actuellement de $27^j,321255$ ou $27^j\ 7^h\ 43^m\ 4^s,72$.

COROLLAIRE 1. — Si l'on divise 360° par le nombre 27,321255, on obtient pour quotient $13°\ 10'\ 35'',02$; ce quotient exprime la vitesse angulaire moyenne de la lune parallèlement à l'écliptique.

COROLLAIRE 2. — Puisque la vitesse moyenne de la lune est de $13°\ 10'\ 35'',02$, et que celle du soleil est $59'\ 8'',33$, le soleil retarde chaque jour sur la lune de ia différence $12°\ 11'\ 26'',69$; par conséquent, si ces deux astres sont aujourd'hui sur le même cercle de longitude, ils s'y retrouveront encore, après un temps exprimé par le quotient suivant : $\dfrac{360°}{12°\ 11'\ 26'',69}$. En effectuant le calcul, on trouve $29^j\ 12^h\ 44^m\ 2^s,85$: c'est la durée de la révolution synodique.

Ces chiffres servent de point de départ dans l'établissement des dates et des heures précises de chaque phase lunaire qui figurent dans la *Connaissance des temps*.

COROLLAIRE 3. — D'après ce qui précède, la phase de la pleine lune doit se produire successivement sur tous les points de l'orbite lunaire ; par conséquent, si l'on détermine par le procédé appliqué au soleil le diamètre apparent de la pleine lune, plusieurs mois de suite, on trouvera des nombres différents, qui, après un certain temps, se reproduiront périodiquement. Chacun de ces nombres représentera évidemment le diamètre apparent de la lune quand elle reviendra à la même position sur son orbite, sans passer par la même phase.

§ 3. Rotation et libration de la lune.

PROPOSITION 1.

THÉORÈME. — *La lune possède un mouvement de rotation sur elle-même, et ce mouvement s'effectue dans le même sens et dans le même temps que sa révolution sidérale.*

Considérons la lune circulant dans son orbite autour du point T (*pl.* 3, *fig.* 37) qui représente la terre, et supposons d'abord qu'elle n'ait pas de mouvement de rotation ; dans cette hypothèse, une droite quelconque MN tracée sur sa surface devra se transporter avec la lune en restant constamment parallèle à elle-même, de manière à occuper successivement toutes les positions qu'on lui voit dans les figures E, F, G, H ; par conséquent, un spectateur placé sur la terre et qui se tournera vers la lune apercevra successivement différentes faces de l'astre mobile.

Supposons, au contraire, que la lune ait un mouvement de rotation sur elle-même et que ce mouvement s'effectue dans le même sens et dans le même temps que sa révolution sidérale : après un quart de révolution, la lune et, par suite, la droite MN aura tourné sur elle-même d'un quart de cercle, ce qui lui donne la position B ; après une demi-révolution, elle aura tourné d'un demi-cercle et prendra la position C ; de même, après trois quarts de révolution, elle aura tourné sur elle-même de trois quarts de cercle, ce qui lui donne la position D. Enfin, après une révolution complète, elle aura tourné sur elle-même d'un cercle complet et prendra la position A, qu'elle avait au point de départ du mouvement. Les faits se passeront donc dans les quatre positions principales que nous venons d'examiner et, par suite, dans toutes les positions intermédiaires, de telle sorte que l'astre mobile présente constamment la même face à la terre. Or, nous avons reconnu par l'observation des taches que cet astre tourne toujours effectivement la même face à la terre; il faut en conclure que la lune possède un mouvement de rotation sur elle-même, et que ce mouvement de rotation s'effectue dans le même sens et dans le même temps que sa révolution sidérale.

Remarque. Il doit y avoir une égalité parfaite entre la durée de ces deux mouvements de la lune; s'il existait, en effet, une différence entre ces deux mouvements, si petite qu'elle fût, elle irait en augmentant de révolution en révolution et finirait par devenir sensible avec les siècles; on arriverait ainsi, après un temps plus ou moins long, à voir dans la lune des parties jusqu'alors inconnues. Mais il n'en est rien, car Plutarque nous a laissé un traité sur la lune intitulé : *De facie in orbe lunœ*, qui date de 150 ans après J.-C., et la description qu'il fait de la partie visible est parfaitement conforme aux résultats des découvertes modernes.

DÉFINITION.

Libration.— On donne le nom de *libration* à une espèce de balancement que la lune éprouve à chaque révolution et en vertu duquel elle nous découvre, tantôt d'un côté, tantôt de l'autre, une petite partie de l'hémisphère opposé à la terre. Cette espèce d'oscillation peut être considérée comme le résultat de trois autres mouvements apparents produits par la nature même des mouvements de la lune.

1° La libration *en longitude* est un balancement qui a lieu de l'ouest à l'est autour d'un axe perpendiculaire au plan de l'orbite lunaire ; on en trouve l'explication en admettant que le mouvement de rotation de la lune est uniforme, tandis que celui de révolution ne l'est pas. Cette libration nous découvre 8° à peu près de la surface lunaire.

2° La libration *en latitude* est un balancement qui se fait de bas en haut autour d'un axe parallèle au plan de l'orbite lunaire. Ce mouvement s'explique en supposant que l'axe de rotation de la lune n'est pas exactement perpendiculaire au plan de son orbite et qu'il demeure parallèle à lui-même, dans toutes les positions de cet astre. Cette libration nous découvre sur les bords de la lune 6° environ de sa surface.

3° La libration *diurne*, moins sensible que les deux précédentes, nous fait apercevoir chaque jour et successivement des régions d'un degré sur les bords opposés de la lune; elle est due à ce que l'observateur n'est pas au centre des mouvements de la lune : on sait, en effet, que la lune tourne constamment la même face vers le centre de la terre, mais non pas vers un point de la surface terrestre.

Ces trois mouvements de libration en se combinant entre eux produisent un mouvement résultant qui seul peut être constaté par l'observation; le résultat de l'observation s'accorde d'ailleurs parfaitement avec celui du calcul. On a reconnu aussi que l'axe de la lune fait avec l'écliptique un angle de 88° 20′ 49″ et avec le plan de l'orbite un angle de 83° 20′ 49″, que l'équateur lunaire coupe l'écliptique suivant une droite parallèle à la ligne des nœuds et que cette droite rétrograde avec celle des nœuds.[1]

§ 4. Des éclipses de lune.

DÉFINITIONS.

ÉCLIPSE DE LUNE. — La terre étant un corps opaque, projette à l'opposite du soleil un cône d'ombre pure, qu'on nomme le *cône d'ombre de la terre* et dans lequel les rayons directs du soleil ne peuvent pas pénétrer. Lorsque la lune, en vertu de son mouvement propre, passera dans ce cône d'ombre, elle cessera d'être éclairée par le soleil et ne sera plus visible pour nous ni pour personne : il y a alors *éclipse de lune*. L'entrée de cet astre dans le cône d'ombre de la terre est dite son *immersion*, et sa sortie du cône d'ombre son *émersion*.

Nous appellerons, pour abréger, *section extérieure* du cône d'ombre de la terre, la section déterminée dans ce cône, à l'opposite du soleil, par une sphère concentrique à la sphère terrestre et qui aurait pour rayon la distance de la terre à la lune.

PROPOSITION 1.

Pʀᴏʙʟᴇ̀ᴍᴇ.—*Expliquer comment se produisent les éclipses de lune.*

Concevons un plan passant par le centre du soleil et par le centre de la terre, celui de l'écliptique, par exemple ; menons dans ce plan les tangentes communes aux deux cercles d'intersection S et T (*fig.* 40), et supposons que la figure tourne autour de la ligne des centres ST ; l'un des cercles engendrera le globe du soleil, l'autre celui de la

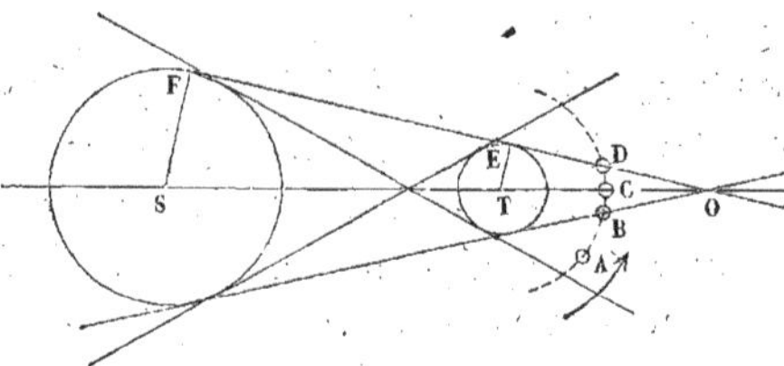

Fig. 40.

terre ; le prolongement de chaque tangente extérieure au delà de la terre engendrera la surface du cône d'ombre pure, et le prolongement de chaque tangente intérieure engendrera la surface du cône de pénombre.

Si la lune tournant autour de la terre vient à pénétrer dans le cône de pénombre en A, ce qui ne peut arriver que vers l'époque de la pleine lune, son éclat s'affaiblit alors, parce que les régions de l'espace où elle pénètre ne sont pas éclairées par la surface entière du soleil; néanmoins, son disque est encore visible et l'éclipse proprement dite n'a pas commencé.

Si la lune, continuant sa marche en B, entre dans le cône d'ombre pure, on voit alors son disque s'échancrer d'un côté, de manière à n'être visible qu'en partie; l'éclipse commence. Enfin, lorsque l'astre sera entré tout entier dans l'ombre pure, en C, son disque sera complétement invisible; c'est le moment de l'éclipse *totale*. A partir de ce moment, le phénomène tendra à finir comme il a commencé. Le disque de la lune présentera ainsi, pendant la durée totale d'une éclipse, toutes les phases ordinaires d'une lunaison, avec cette différence que la ligne de séparation d'ombre et de lumière, sur le disque lunaire, est un arc de cercle durant l'éclipse, tandis que cette ligne est un arc d'ellipse pendant les phases.

Si la lune pénètre seulement dans le cône de pénombre, sans entrer dans celui d'ombre pure, l'éclipse alors est seulement *partielle;* il est clair d'ailleurs qu'une éclipse totale commence toujours par être partielle et finit de même.

Remarque. Pour qu'une éclipse de lune soit possible, il faut que le cône d'ombre de la terre s'étende au delà de l'orbite lunaire, et pour qu'elle soit totale, il faut, en outre, que la largeur de ce cône soit, à la distance de la lune, plus grande que le diamètre de la lune.

PROPOSITION 2.

Théorème. — *Le cône d'ombre de la terre s'étend au delà de l'orbite lunaire.*

Supposons que les points S et T (*fig.* 40), représentent les centres du soleil et de la terre; menons les deux rayons SF et TE qui aboutissent aux points de contact d'une tangente commune extérieure, et remarquons que les deux triangles OSF et OTE sont semblables. Il en résulte la proportion suivante :

$$\frac{OS}{OT} = \frac{SF}{TE} \quad \text{ou} \quad \frac{OS - OT}{OT} = \frac{SF - TE}{TE};$$

et, si l'on désigne par R et r les rayons du soleil et de la terre, par d la distance de leurs centres, par x la longueur inconnue OT du cône d'ombre, cette proportion devient :

$$\frac{d}{x} = \frac{R - r}{r},$$

d'où l'on tire :

$$x = \frac{d \times r}{R - r}.$$

Mais nous avons trouvé que la valeur moyenne de d égale 24068 r et que le rayon du soleil R vaut 112r; en substituant ces valeurs et simplifiant, nous aurons :

$$x = \frac{24068}{111} \quad \text{ou bien} \quad x = 216,80\ r.$$

Telle est la longueur du cône d'ombre de la terre lorsqu'elle est à la distance moyenne du soleil.

Si, dans la même formule, on remplace d par la distance apogée ou périgée, on trouve que les longueurs correspondantes du cône d'ombre sont 220,24 r et 212,90 r. Or, la distance maximum de la lune à la terre est 64 r; il en résulte que la longueur de ce cône est toujours plus grande que la distance de la terre à la lune. Donc, le cône d'ombre de la terre s'étend au delà de l'orbite lunaire.

Corollaire. — La lune, dans son mouvement propre, peut pénétrer dans le cône d'ombre pure que projette la terre, à l'opposite du soleil, et, par suite, *les éclipses de lune sont possibles.*

PROPOSITION 3.

THÉORÈME. — *La largeur du cône d'ombre de la terre est, à la distance de la lune, plus grande que le diamètre de la lune.*

Considérons la section extérieure BD du cône d'ombre de la terre (*fig. 40*);

le diamètre apparent de cette section est égal à l'angle BTD, et sa moitié à l'angle DTO.

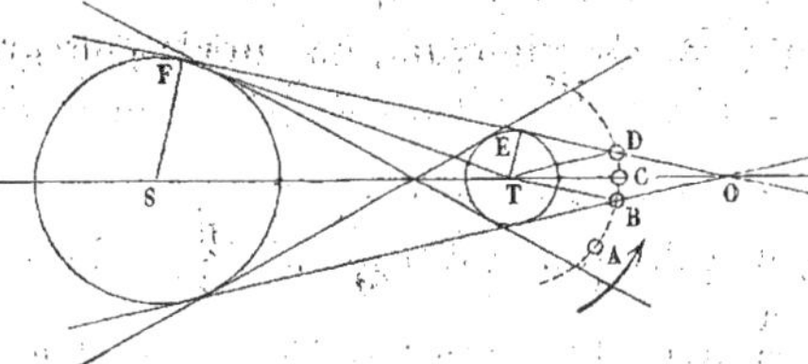

Fig. 40.

Or, du triangle ODT, on déduit d'abord une première égalité :

$$DTO = FDT - DOT.$$

Si l'on mène ensuite la droite TF, qu'on peut considérer comme une tangente au cercle S, on tire du triangle OFT cette autre égalité :

$$FTS = OFT + DOT.$$

En additionnant membre à membre ces deux égalités et simplifiant, on aura :

$$DTO + FTS = FDT + OFT,$$

d'où

$$DTO = FDT + OFT - FTS.$$

Mais l'angle FTS est égal au demi-diamètre apparent du soleil $\frac{d}{2}$; l'angle OFT est la parallaxe horizontale du même astre P et l'angle FDT n'est autre chose que la parallaxe horizontale p de la lune; par conséquent, la formule qui fera connaître le demi-diamètre apparent de la section extérieure sera la suivante :

$$\frac{D}{2} = p + P - \frac{d}{2}.$$

On peut regarder dans cette formule le nombre P comme constant ; si l'on y remplace p par sa valeur maximum et d par sa valeur minimum, on aura la plus grande valeur que puisse avoir $\frac{D}{2}$; si l'on y remplace, au contraire, p par sa valeur minimum et d par sa valeur maximum, on aura la plus petite valeur que puisse prendre $\frac{D}{2}$; enfin, la valeur moyenne de $\frac{D}{2}$ résultera des valeurs moyennes de p et d. On trouve, en faisant ces calculs, que la valeur moyenne de $\frac{D}{2}$ est $41' 5'',6$, tandis que ses valeurs extrêmes sont $44' 30'',5$ et $37' 43'',5$. Or, le demi-diamètre apparent de la lune ne dépasse jamais $16' 46''$; donc, la largeur du cône d'ombre de la terre est, à la distance de la lune, plus grande que le diamètre de la lune.

Corollaire. — La lune, dans son mouvement propre, peut pénétrer tout entière dans le cône d'ombre pure que projette la terre, à l'opposite du soleil, et, par suite, *les éclipses totales de lune sont possibles.*

PROPOSITION 4.

Problème. — *Déterminer la condition pour qu'une éclipse de lune soit certaine ou impossible.*

Remarquons d'abord que, si le plan de l'orbite lunaire coïncidait avec le plan de l'écliptique, il y aurait, d'après les deux théorèmes qui précèdent, une éclipse totale et centrale de lune, à chaque pleine lune, car, à ce moment, la terre se trouverait en ligne droite entre le soleil et la lune. Mais l'orbite lunaire est inclinée de 5° 9′ à peu près sur l'écliptique, et il peut se faire qu'au moment de la pleine lune, la latitude de la lune soit de 5° 9′; comme le demi-diamètre apparent de la section extérieure ne dépasse pas 44′ 30″,5, il en résulte que, si la pleine lune n'est pas très-près de l'un de ses nœuds, elle pourra passer tout entière au-dessus ou au-dessous du cône d'ombre de la terre, sans qu'il y ait éclipse.

Supposons qu'au moment de la pleine lune l'astre soit en L (*fig.* 41), que sa latitude soit égale à l'angle OTL et son demi-diamètre apparent à l'angle LTH; si sa latitude diminuée de son demi-diamètre apparent est cependant plus grande que

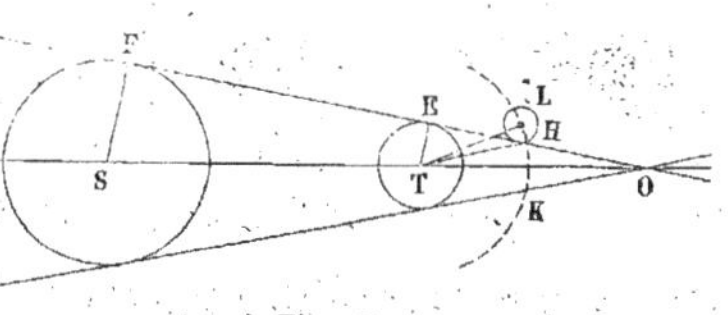

Fig. 41.

le demi-diamètre apparent de la section extérieure HK, on voit que cet astre sera situé au-dessus du cône d'ombre et ne pourra pas y pénétrer, même partiellement; l'éclipse sera impossible. Dans le cas contraire, l'astre devra pénétrer au moins en partie dans le cône d'ombre et l'éclipse sera certaine. Telle est la condition pour qu'une éclipse de lune soit certaine ou impossible.

Corollaire. — La condition précédente porte sur trois données : la latitude de la lune, son demi-diamètre apparent et celui de la section extérieure. On peut en déduire une autre exclusivement relative à la latitude de la lune. En effet, nous avons trouvé pour les valeurs maximum et minimum du demi-diamètre apparent de la section extérieure : 44′ 30″,5, et 37′ 43″,5; d'ailleurs, le demi-diamètre apparent de la lune a pour valeurs extrêmes 16′ 45″,5 et 14′ 41″. En additionnant les deux valeurs maximum et les deux minimum, on obtient deux sommes, savoir :

$$1^\circ\ 1'\ 16''\ \text{et}\ 52'\ 24'',5$$

qui peuvent servir de limites supérieure et inférieure à la latitude de la lune pour la possibilité d'une éclipse : par conséquent, si la latitude d'une pleine lune surpasse $1^\circ\ 1'\ 16'''$, l'éclipse est impossible ; si elle est plus petite que $52'\ 14'',5$, l'éclipse est certaine ; si elle est comprise entre ces deux valeurs, il y a incertitude.

Remarque. Pour déterminer la latitude et l'heure de la pleine lune, on opère comme à la page 62, et comme à la page 63 pour calculer la position du point équinoxial de printemps et l'heure de l'équinoxe. Il y a, du reste, des tables toutes faites à l'avance qui donnent la latitude et la longitude de la lune, à midi, pour tous les jours de l'année.

PROPOSITION 5.

Problème. — *Calculer la durée maximum d'une éclipse totale de lune.*

Pour trouver la durée maximum d'une éclipse totale de lune, on remarque d'abord qu'une éclipse de lune est totale, tout le temps que la lune met à parcourir la partie LL' (*fig.* 42) du diamètre de la section extérieure HK. Or, on a évidemment l'égalité :

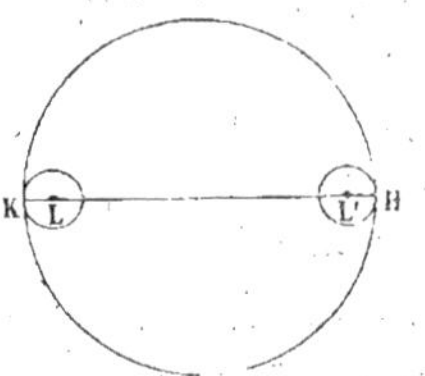

Fig. 42.

$$LL' = HK - (KL + HL'),$$

et l'on voit que cette valeur de LL' sera la plus grande possible, lorsque HK sera remplacé par son maximum et KL + HL' par son minimum. En faisant cette double substitution, on trouve pour résultat $59'\ 30''$; donc la durée maximum d'une éclipse totale de lune est égale au temps que cet astre mettra à parcourir l'arc de 59′ 39″, dans le cône d'ombre de la terre.

Observons maintenant que la lune traverse ce cône d'ombre avec une vitesse angulaire qui n'est autre que l'excès de sa vitesse sur celle de l'ombre, car l'ombre marche dans le même sens que la terre, et, par suite, dans le même sens que la lune ; d'ailleurs, la vitesse angulaire de l'ombre est la même que celle de la terre ; la lune traverse ainsi ce cône d'ombre avec une vitesse égale à l'excès de sa vitesse sur celle de la terre. Comme elle parcourt 360°, en vertu de cet excès de vitesse, dans l'espace d'une lunaison, c'est-à-dire de 29ʲ,53, elle mettra pour parcourir l'arc de 59′ 39″ un temps égal à

$$\frac{29^j,53 \times 59'\, 39''}{360°}$$ ou 1ʰ 57ᵐ. La durée maximum d'une éclipse totale de lune est donc de 2 heures environ.

Remarque. Un raisonnement et un calcul tout à fait analogues permettent de calculer le maximum de la durée totale d'une éclipse de lune ; on trouve que ce maximum est de 4 heures. Mais le calcul n'est plus aussi simple, s'il s'agit de calculer exactement une éclipse quelconque, c'est-à-dire, de déterminer son commencement, son milieu, sa fin, la grandeur de sa phase. Ces calculs se trouvent tout faits et publiés chaque année dans l'*Annuaire du Bureau des longitudes.*

PROPOSITION 6.

Problème. — *Quelle est l'influence de l'atmosphère terrestre sur les éclipses de lune ?*

Considérons les rayons solaires qui arrivent tangentiellement à la surface de la terre, comme AB, A′B′, par exemple (*fig.* 43) ; ces rayons se dévient de leur route en traversant l'atmosphère, et, au lieu d'aller passer en O, viennent converger en un point O′ plus rapproché de la terre : ce sont d'ailleurs ceux dont la déviation est la plus considérable. Il en résulte

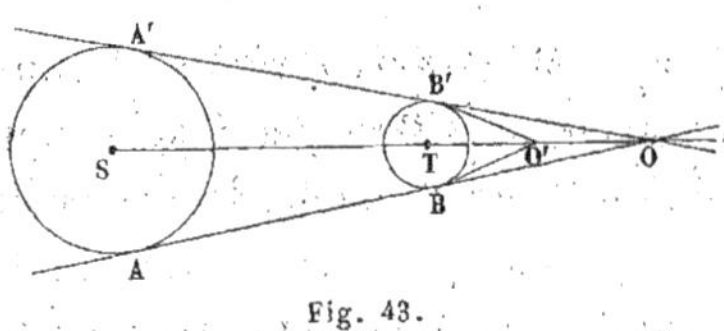

que la surface conique BO′B′ qu'ils forment partage le cône d'ombre de la terre en deux parties, l'une, intérieure au cône BO′B′,

Fig. 43.

dans laquelle n'arrive aucun rayon lumineux, l'autre, extérieure à ce cône, dont tous les points sont traversés par des rayons solaires déviés de leur direction primitive. Or, le calcul appliqué à cette déviation des rayons solaires a montré que la distance TO′ est à peu près de 42 rayons terrestres : la lune ne pourra donc jamais être réellement plongée dans l'ombre pure. Elle pénétrera seulement dans cette portion de l'espace, qui serait de l'ombre pure, si la terre n'avait point d'atmosphère, mais où arrivent les rayons du soleil réfractés par notre atmosphère.

Remarque. Les rayons lumineux, en traversant l'atmosphère, ne s'éteignent pas complétement, ce qui empêche la lune d'être complétement invisible pendant une éclipse ; ils conservent à leur sortie une partie de leur couleur rouge, ce qui donne à la lune, pendant l'éclipse, cette teinte rougeâtre que tout le monde peut observer.

§ 5. Des éclipses de soleil.

DÉFINITIONS.

Éclipses de soleil. — La lune étant comme la terre un corps opaque, projette à l'opposite du soleil un cône d'ombre pure et de pénombre, qu'on appelle le *cône d'ombre de la lune.* Toutes les fois que le cône d'ombre de la lune touche quelques points de la surface terrestre, le soleil cesse d'être

visible en partie ou en totalité pour ces points de la terre ;
on dit alors qu'il y a *éclipse de soleil*.

Nous appellerons, pour abréger, *section intérieure* du cône
d'ombre de la terre la section déterminée dans ce cône, entre
le soleil et la terre, par une sphère concentrique à la sphère
terrestre et qui aurait pour rayon la distance de la terre à la
lune.

PROPOSITION 1.

Problème. — *Expliquer comment se produisent les éclipses de soleil.*

Représentons-nous la lune circulant avec son cône d'ombre
autour de la terre et approchant du moment où elle est nouvelle. Trois circonstances pourront se présenter, donnant lieu
à une éclipse de soleil : ou bien, le cône d'ombre pure viendra toucher la terre, et, dans ce cas, les points de la terre
touchés par l'ombre cesseront complétement d'être éclairés
par le soleil ; il y aura pour ces points éclipse *totale* de soleil : ou bien, c'est le cône de pénombre qui touchera la terre,
et, dans ce cas, les lieux de la terre touchés par la pénombre
ne seront éclairés que par une partie du soleil ; il y aura pour
ces lieux éclipse *partielle* de soleil : ou bien, c'est le prolongement du cône d'ombre pure qui touchera la terre, et les
points de la terre situés sur ce prolongement recevront leur
lumière des bords seulement du soleil, la partie centrale
étant complétement masquée par la lune ; il y aura pour ces
points éclipse *annulaire* de soleil. Une éclipse de soleil peut
donc se produire de trois manières ; il est clair que, dans tous
les cas, l'éclipse commence par être partielle et finit de
même.

Remarque. Pour que les éclipses totales de soleil ainsi
que les annulaires soient possibles, il faut que le cône d'ombre
pure de la lune s'étende tantôt au delà et tantôt en deçà de la

terre ; cette double condition n'est pas nécessaire pour qu'il y ait éclipse partielle de soleil.

PROPOSITION 2.

THÉORÈME. — *Le cône d'ombre pure de la lune s'étend tantôt au delà, tantôt en deçà de la terre.*

En raisonnant comme à la page 124, Pr. 2, et désignant par d' la distance de la lune au soleil, par r' le rayon de la lune, on trouve que la longueur du cône d'ombre pure de la lune est donnée par la formule suivante :

$$x = \frac{d' \times r'}{R - r'}.$$

Mais le rayon de la lune r' est égal à $0,27r$, la distance d' a pour valeur maximum $24416r$, et pour valeur minimum $23600r$; en substituant ces valeurs, on aura pour la plus grande longueur du cône d'ombre pure $59r$, et pour la plus petite $57r$; donc, le cône d'ombre pure de la lune s'étend tantôt au delà et tantôt en deçà de la terre (V. page 108, Pr. 1).

COROLLAIRE. — Les éclipses totales de soleil ainsi que les annulaires sont possibles, comme les éclipses partielles ; seulement, les éclipses totales sont impossibles lorsque la lune est à son apogée, tandis que les éclipses annulaires sont possibles pendant tout le cours de la lune.

PROPOSITION 3.

PROBLÈME. — *Calculer le diamètre apparent de la section intérieure du cône d'ombre de la terre.*

Ce calcul se fait absolument comme celui de la section extérieure (125, Pr. 3). On trouve que sa moitié a pour valeur maximum $76' 16'', 53$.

PROPOSITION 4.

PROBLÈME. — *Déterminer la condition pour qu'une éclipse de soleil soit certaine ou impossible.*

Remarquons d'abord que, si le plan de l'orbite lunaire coïncidait avec celui de l'écliptique, il y aurait, d'après le théorème précédent, une éclipse de soleil totale ou annulaire, mais centrale, à chaque nouvelle lune, car, à ce moment, la lune se trouverait en ligne droite entre la terre et le soleil. Mais l'orbite lunaire est inclinée de 5° 9′ sur l'écliptique, et il peut se faire qu'au moment de la nouvelle lune, la latitude de la lune soit de 5° 9′; comme le demi-diamètre apparent de la section intérieure ne dépasse pas 76′ 16″,53, il en résulte que, si la nouvelle lune n'est pas très-près de l'un de ses nœuds, elle pourra passer tout entière au-dessus où au-dessous du cône d'ombre de la terre, sans qu'il y ait éclipse.

Supposons qu'au moment de la nouvelle lune, l'astre soit en L (*fig.* 44), que sa latitude soit égale à l'angle STL et son demi-diamètre appa-rent à l'angle LTH′; si sa latitude diminuée de son demi-diamètre ap-parent est cependant plus grande que le de-

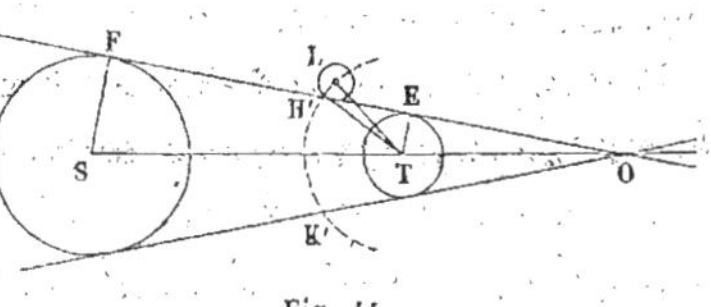

Fig. 44.

mi-diamètre apparent de la section intérieure H′K′, on voit que cet astre sera situé au-dessus du cône et ne pourra pas éclipser, même partiellement, le soleil pour aucun point de la terre ; toute éclipse de soleil sera impossible. Dans le cas contraire, l'astre éclipsera au moins une partie du soleil pour certains points de la terre, et l'éclipse sera certaine. Telle est la condition pour qu'une éclipse de soleil soit certaine ou im-possible.

Corollaire. — En faisant un calcul analogue à celui de la page 127, on trouve que si la latitude d'une nouvelle lune surpasse 1° 33′ 2″, l'éclipse de soleil est impossible; si elle est plus petite que 1° 24′ 10″, l'éclipse est certaine; si elle est comprise entre ces deux valeurs, il y a incertitude.

Remarque. La latitude et l'heure de la nouvelle lune se déterminent comme on l'a dit pour la pleine lune (128). C'est aussi par un calcul entièrement analogue à celui qu'on a indiqué (129) pour la lune, qu'on détermine la durée totale d'une éclipse de soleil; on a trouvé ainsi qu'elle ne peut pas excéder 5 heures. D'ailleurs, la méthode générale pour calculer les diverses circonstances d'une éclipse de soleil ressemble beaucoup à celle que l'on suit pour les éclipses de lune, car toute éclipse de soleil pour un habitant de la terre n'est autre chose qu'une éclipse de terre pour un observateur placé sur la lune.

PROPOSITION 5.

PROBLÈME. — *Les éclipses de soleil sont-elles plus fréquentes que les éclipses de lune ?*

Remarquons d'abord que les éclipses de lune et de soleil doivent se succéder de telle façon qu'au bout d'un certain temps elles se reproduisent périodiquement dans les mêmes conditions : cette périodicité tient à la nature même des mouvements de révolution de la terre et de la lune, qui sont des mouvements périodiques. Les Chaldéens avaient reconnu l'existence de cette période à la suite d'un très-grand nombre d'observations, et lui avaient assigné une longueur de 18 ans 11 jours, qui s'est trouvée confirmée par les calculs modernes. La période chaldéenne, nommée *saros*, contient 70 éclipses, dont 41 de soleil et 29 de lune; les premières sont, comme on le voit, plus fréquentes que les secondes.

Pour s'en rendre compte, il suffit de considérer la figure 40, page 125, et d'observer qu'il y a éclipse de lune toutes les fois que la lune pénètre dans le cône d'ombre de la terre, à l'endroit de la section extérieure, tandis qu'il y a éclipse de soleil toutes les fois que la lune pénètre dans le cône d'ombre de la terre à l'endroit de la section intérieure. Or, nous avons reconnu que

la section intérieure est plus grande que la section extérieure ;
par conséquent, il doit y avoir, toutes choses égales d'ailleurs, plus d'éclipses de soleil que d'éclipses de lune.

Toutefois, le nombre des éclipses de lune visibles en un
point donné du globe doit être plus grand que celui des
éclipses de soleil. En effet, une éclipse de lune est visible en
même temps et avec la même phase de tous les points de la
terre pour lesquels la lune est au-dessus de l'horizon. Au
contraire, une éclipse de soleil n'est aperçue que successivement par les différents observateurs situés dans la zone assez
étroite que parcourt le cône d'ombre de la lune ; elle peut
être totale pour quelques-uns, pendant qu'elle est partielle
pour d'autres et qu'elle n'a pas lieu du tout pour un certain
nombre, bien que le soleil soit pour tous au-dessus de l'horizon. Il en résulte que le nombre des éclipses de lune visibles en un point donné du globe doit être plus grand que
celui des éclipses de soleil.

Remarque. En moyenne, il y a sur la terre quatre
éclipses par an : il peut y en avoir davantage, mais jamais
plus de sept et jamais moins de deux. Dans un même endroit,
on ne peut guère voir qu'une éclipse de soleil en deux ans, et
qu'une éclipse totale en deux siècles. Ce n'est pas qu'elles
soient rares ; il s'en présente douze dans le xixe siècle ; mais,
pour les voir, il faut se transporter aux endroits où elles sont
visibles.

PROPOSITION 6.

THÉORÈME. — *Les phénomènes physiques qui accompagnent une éclipse de soleil sont tout différents de ceux qui
accompagnent une éclipse de lune.*

Dès qu'une éclipse de soleil commence, la lumière du jour
s'affaiblit, la température s'abaisse, la rosée se met à tomber,
les fleurs se ferment comme pendant la nuit, les animaux se

taisent et demeurent immobiles ; l'homme lui-même ne peut se soustraire à un certain sentiment de terreur qui le possède tout le temps que l'éclipse demeure totale. Mais, au premier rayon de lumière que nous renvoie le soleil, cesse alors l'espèce d'anxiété dans laquelle était plongée la nature : les fleurs rouvrent leurs calices, les animaux reprennent leur voix et l'homme laisse monter vers le ciel un sentiment de reconnaissance, comme s'il venait d'échapper à quelque grand danger.

Pendant toute la durée d'une éclipse totale de soleil, on remarque habituellement autour de son disque une espèce de couronne lumineuse et quelquefois des protubérances rougeâtres, irrégulières, qui disparaissent avec l'éclipse totale ; on n'a pas encore expliqué ces deux phénomènes d'une manière satisfaisante.

Aucun phénomène de ce genre n'accompagne les éclipses de lune.

QUESTIONS.

La lune se montre-t-elle quelquefois à notre zénith ?

Décrire l'aspect que doivent présenter aux habitants de la lune les mouvements de la terre.

Pourquoi la lune paraît-elle aplatie à l'horizon ?

Calculer en lieues de 4 kilomètres la distance moyenne de la lune à la terre.

Chercher pourquoi la lune est, en apparence, plus grosse à l'horizon qu'au zénith ?

Connaissant la durée de la révolution sidérale et synodique de la lune, déterminer le rapport de sa vitesse angulaire moyenne à celle du soleil.

Peut-on présumer que la lune est une sphère exacte ou qu'elle est aplatie en certains points comme la terre ?

LIVRE V

DES PLANÈTES ET SATELLITES.

CHAPITRE PREMIER

Théorie des mouvements des planètes et satellites.

§ 1. Des planètes.

DÉFINITIONS.

PLANÈTES. — Lorsqu'on observe attentivement la sphère céleste, on reconnaît qu'un certain nombre d'astres presque aussi brillants que les étoiles, jouissent, comme le soleil et la lune, d'un mouvement propre, en vertu duquel ils se déplacent à travers les étoiles. On les distingue d'ailleurs, non-seulement à leur mouvement propre, mais encore à leur diamètre apparent, que les lunettes amplifient en raison de leur pouvoir grossissant et que l'on peut mesurer comme celui du soleil et de la lune, tandis que les étoiles paraissent toujours réduites à de simples points lumineux. Ces astres se nomment les *planètes*.

Toutes les planètes ne sont pas visibles à l'œil nu ; la plupart ne peuvent s'apercevoir qu'avec de bons télescopes ; mais toutes offrent un éclat brillant, mat, dépourvu de la scintillation propre à la lumière des étoiles.

PLANÈTES PRINCIPALES. — Les planètes principales, c'est-à-dire les plus grosses, se nomment : *Mercure, Vénus, Mars,*

Jupiter, Saturne, Uranus, Neptune. Les anciens connaissaient les cinq premières, qui sont visibles à la vue simple : *Uranus* a été découvert par Herschel père, en 1781, et *Neptune,* annoncé par M. Leverrier, de l'Institut de France, le 1er juin 1846, a été aperçu par M. Galle, de Prusse, le 23 septembre suivant.

Petites planètes. — Les planètes principales, dans leur mouvement propre, ne sortent jamais de la zone céleste que nous avons appelée zodiaque ; il n'en est pas de même pour toutes les *petites planètes* télescopiques qu'on connaît : quelques-unes d'entre elles s'écartent notablement de cette zone et reçoivent, en raison de cette circonstance, le nom particulier d'*extra-zodiacales.*

Le mouvement d'une planète peut, du reste, se rapporter à la terre, comme centre d'observation, ou au soleil : nous distinguerons ces deux cas en disant que le mouvement est *vu de la terre* ou qu'il est *vu du soleil.*

PROPOSITION 1.

Problème. — *Déterminer le mouvement d'une planète, vu de la terre.*

Pour déterminer ce mouvement, on cherche la courbe que la planète, vue de la terre, décrit sur la sphère céleste ; à cet effet, on mesure jour par jour l'Æ et la D de l'astre, comme on l'a fait pour le soleil, et l'on marque ensuite sur un globe la position correspondante de cet astre. Si l'on joint par un trait continu les positions successivement marquées, on aura la courbe que décrit sur la sphère céleste la planète vue de la terre.

On trouve que cette courbe n'est pas plane, ni régulière, mais composée de plusieurs sinuosités en zigzags. Toutefois elle coupe l'écliptique en deux points qui sont les extrémités d'un même diamètre ; et ce diamètre divise la courbe en deux parties symétriques; l'inspection de chaque partie montre d'ailleurs que, si l'astre, à un certain moment, possède un mouvement *direct*, ce mouvement se ralentit bientôt au point de devenir *nul* en apparence ; puis, ce mouvement change de sens et devient *rétrograde* pendant quelque temps ; enfin, après un temps assez long, la somme des mouvements directs l'emporte sur celle des mouvements rétrogrades, et l'astre finit par faire un tour complet du ciel dans le même sens que le soleil.

Le mouvement d'une planète, vu de la terre, est donc périodiquement composé de trois phases que nous désignerons par les mots de *progression, station, rétrogradation,* et dont l'ensemble constitue chacune des *digressions* de la planète.

DÉFINITION.

Nœuds. Révolution périodique. — On appelle *nœuds* d'une planète les points où la courbe qu'elle décrit sur la sphère céleste coupe l'écliptique ; il y en a deux : le nœud *ascendant* et le nœud *descendant.*

La position des nœuds d'une planète et le temps qui s'écoule entre deux passages consécutifs d'une planète au même nœud, c'est-à-dire sa *révolution périodique,* se déterminent comme la position des nœuds de la lune et comme la durée de sa révolution tropique (117) ; on reconnaît ainsi que les nœuds d'une planète quelconque sont animés d'un mouvement rétrograde sur l'écliptique, et que sa révolution périodique a une durée constante, quel que soit le nombre des stations intermédiaires de la planète dans l'intervalle.

PROPOSITION 2.

Problème. — *Déterminer le mouvement d'une planète, vu du soleil.*

Observons d'abord qu'on peut, à un moment donné, marquer sur un globe céleste la position qu'une planète quelconque paraîtrait occuper dans le ciel, si elle était vue du soleil. En effet, soient T (*fig.* 45) la terre qui est au centre du globe

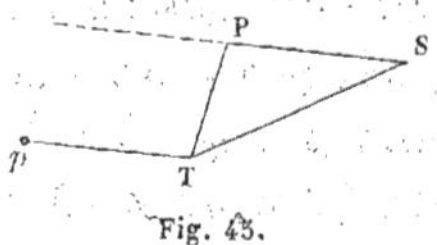

Fig. 45.

céleste, S la position du soleil et P celle de la planète, un certain jour : dans le triangle PST, on peut mesurer l'angle T ; on connaît le côté TS, qui est la distance de la terre au soleil ; on connaîtra aussi le côté TP, qui représente la distance de la planète à la terre, car cette distance s'évalue absolument comme celle de la lune à la terre. Il en résulte qu'on peut trouver la valeur de l'angle TPS, et, par suite, déterminer le point p où la droite Tp, parallèle à PS, rencontre la sphère céleste ; il suffit pour cela de prendre, à partir du point P et sur le grand cercle qui passe par les deux points P et S, un arc égal à la mesure de l'angle TPS. Or, la droite Tp doit être considérée comme rencontrant la sphère céleste au même point que la droite SP prolongée, à cause de l'immense distance des étoiles ; donc, en marquant le point p, on aura la position que la planète paraîtrait occuper ce jour-là dans le ciel, si elle était vue du soleil. En joignant par un trait continu les positions successivement marquées, on obtiendra la courbe décrite sur la sphère céleste par une planète vue du soleil. On trouve ainsi que cette courbe est un grand cercle, qui coupe l'écliptique suivant la ligne des nœuds et dont l'inclinaison ne dépasse jamais 8 ou 9 degrés.

Si l'on a résolu le triangle TPS, pour chaque position de la planète, on a pu calculer le côté PS, c'est-à-dire la distance de la planète au soleil. On reconnaît ainsi, 1° que cette distance varie entre deux limites extrêmes, dont la demi-somme est la distance moyenne de la planète au soleil ; 2° que les points occupés par l'astre, à ces distances maximum et minimum, ont des longitudes qui diffèrent de 180°.

Si l'on construit ensuite (56) une courbe semblable à celle que décrit la planète autour du soleil, on trouve que cette courbe est une ellipse dont le soleil occupe un foyer.

Si l'on mesure jour par jour (57) la vitesse angulaire de la planète, et si l'on compare les valeurs obtenues à celles des diamètres apparents correspondants, on remarque que la vitesse angulaire est proportionnelle au carré du diamètre apparent ; d'où l'on conclut que le principe des aires se vérifie pour le mouvement des planètes autour du soleil.

Enfin, si l'on calcule le temps que la planète met à revenir au même point de son orbite, c'est-à-dire sa *révolution sidérale*, en partant de la durée de sa révolution périodique (117) et en tenant compte de la rétrogradation de ses nœuds, on aura ainsi tous les éléments nécessaires à la détermination complète de son mouvement, vu du soleil.

DÉFINITIONS.

Lois de Képler. — Pour simplifier l'explication du phénomène des digressions d'une planète, Copernic, astronome du xvie siècle, avait eu l'idée de supposer l'observateur placé sur le soleil, au lieu de la terre, et de considérer le soleil comme le centre commun autour duquel toutes les planètes accomplissent leurs révolutions. Il avait reconnu que ces astres ainsi que la terre décrivent des courbes peu différentes du cercle et toutes situées dans des plans voisins de l'écliptique. Mais c'est à Képler, 8 mars 1618, qu'on doit la découverte des lois véritables du mouvement planétaire : cet astronome fut conduit, en discutant attentivement les observations du Danois Tycho-Brahé sur la planète Mars, à formuler trois théorèmes, qui résument toute la théorie précédente du mouvement des planètes et qui portent son nom.

PREMIÈRE LOI. — *Toutes les planètes se meuvent dans des plans, et les aires décrites par le rayon vecteur de chaque planète sont proportionnelles aux temps employés à les décrire.*

DEUXIÈME LOI. — *Toutes les planètes décrivent des ellipses dont le soleil occupe un foyer.*

TROISIÈME LOI. — *Les carrés des temps des révolutions sidérales des planètes sont proportionnels aux cubes de leurs distances moyennes au soleil.*

LOI DE NEWTON. — Les trois lois de Képler ayant fixé d'une manière positive la nature du mouvement des planètes, tous les savants du xviie siècle se mirent à chercher la cause unique de ces mouvements. Il était réservé à Newton de faire connaître, en 1687, au moyen d'une savante analyse mathématique, le principe général qui régit ces mouvements et de l'appliquer à tous les mouvements de l'univers. Ce principe général est un théorème connu sous le nom de *loi de la gravitation universelle.*

PROPOSITION 3.

LOI DE LA GRAVITATION UNIVERSELLE. — *Chaque molécule de matière dont se compose l'univers en attire une autre avec une force proportionnelle à sa masse et inversement proportionnelle au carré de sa distance à la molécule attirée.*

Cette proposition se démontre rigoureusement par le calcul, en partant des lois de Képler; voici le résumé de cette démonstration, ramenée à trois théorèmes :

1° De ce que les aires décrites par le rayon vecteur d'une planète quelconque sont proportionnelles aux temps, on déduit que les planètes sont sans cesse attirées par une force qui les pousse vers le centre du soleil.

2° Puisque les orbites planétaires sont des ellipses, il faut que cette force d'attraction s'exerce en raison inverse du carré de la distance de l'astre au centre du soleil.

3° Les carrés des temps des révolutions sidérales étant proportionnels aux cubes des distances moyennes, on conclut que la force qui attire toutes les planètes vers le soleil est indépendante de la nature particulière de chacune d'elles; elle agit donc avec la même intensité sur chaque molécule des différentes planètes, et, par suite, est proportionnelle à la masse.

PROPOSITION 4.

Théorème. — *La terre est une planète.*

En effet, les deux premières lois de Képler président, comme nous l'avons vu, au mouvement annuel de la terre autour du soleil; la troisième se vérifie aussi très-exactement pour le mouvement de la terre comparé à celui d'une planète quelconque autour du soleil; la terre peut donc être assimilée, sous le rapport de la constitution mécanique, à toutes les autres planètes.

L'observation des planètes au télescope prouve également que celles-ci sont des corps opaques présentant des phases analogues à celles de la lune et de la terre, que leurs disques sont semés de taches sombres et brillantes dont le déplacement accuse un mouvement de rotation de la part de ces globes; enfin, le calcul de la distance des planètes au soleil, de leurs dimensions et de leur masse, donne des résultats en tout point comparables à ceux qu'on obtient pour la terre. La terre peut donc aussi, sous le rapport de la constitution physique, être considérée comme une planète.

PROPOSITION 5.

Problème. — *Faire connaître la distance moyenne des planètes au soleil, dans l'ordre de leur éloignement.*

Si l'on prend pour unité la distance du soleil à la terre, la distance moyenne des planètes au soleil est exprimée par le chiffre correspondant du tableau suivant :

Mercure.	Vénus.	La Terre.	Mars.	Jupiter.	Saturne.	Uranus.	Neptune.
0,387	0,723	1,000	1,523	5,202	9,538	19,182	30,04

Ces nombres peuvent se retrouver approximativement au moyen d'une règle mnémonique très-simple :

On écrit sur une même ligne les nombres suivants, dont chacun, à partir du troisième, est double du précédent :

$$0, 3, 6, 12, 24, 48, 96, 192, 384 ;$$

si l'on ajoute 4 à chacun de ces nombres, on trouve les autres nombres :

$$4, 7, 10, 16, 28, 52, 100, 196, 288,$$

et, en divisant par 10, on obtient la série suivante :

$$0,4 \quad 0,7 \quad 1,0 \quad 1,6 \quad 2,8 \quad 5,2 \quad 10,0 \quad 19,6 \quad 28,8.$$

Chaque nombre de cette série, comparée au tableau des distances calculées des planètes au soleil, représente approximativement une de ces distances, celle de la terre étant prise pour unité.

Remarque. Cette règle a été publiée pour la première fois par le professeur Titius à Wittemberg ; elle est connue sous le nom de *loi de Bode.* Cette loi donne pour la distance de Neptune, un résultat beaucoup plus grand que la distance exacte ; aussi la découverte de Neptune a détruit une bonne partie de l'intérêt qui s'attachait à cette loi. Mais, d'autre part, il est à remarquer que le nombre 28 ne correspond dans la série à aucune planète principale ; dès l'abord, cette lacune fit concevoir aux astronomes l'espérance de découvrir entre Mars et Jupiter quelque planète inconnue jusqu'à ce jour. Longtemps les recherches furent vaines; enfin, le 1er janvier 1801, le hasard fit découvrir à Piazzi, de Palerme, une petite planète télescopique dont la distance moyenne est 2,767; on la nomme Cérès. Le 28 mars 1802, toujours par hasard, Olbers, de Brême, découvrit la petite planète Pallas, et, en 1804, Harding constata l'existence de Junon à peu près à la même distance que les deux premières. Olbers remarqua alors que les orbites de Cérès, de Pallas et de Junon se coupaient toutes les trois au même point de l'espace, et, soupçonnant que ces petits astres pouvaient être les frag-ments d'une grosse planète qui aurait éclaté en ce point, il s'attacha à explorer cette région du ciel; c'est ainsi qu'il découvrit le 29 mars 1807, la quatrième planète télescopique, nommée Vesta. Pendant quarante ans, ces quatre planètes télescopiques ont été les seules connues; mais à partir de 1845, leur nombre s'est accru tout d'un coup singulière-ment. On en compte aujourd'hui plus de soixante-dix, et il est probable que d'autres restent encore à découvrir.

D'après M. Leverrier, la somme totale de la matière cons-tituant les petites planètes situées entre les distances moyennes 2,20 et 3,16, ne peut pas dépasser le quart environ de la terre.

DÉFINITIONS.

Planètes inférieures et supérieures. — D'après ce qui précède, il y a des planètes qui sont plus rapprochées du soleil que la terre, et d'autres qui en sont plus éloignées; nous appellerons les premières *planètes inférieures*, et les autres *planètes supérieures*. Mercure et Vénus sont les seules qui soient de la première espèce.

Conjonction et opposition. — On dit qu'un astre quelconque est en *conjonction* avec le soleil, si son cercle de latitude se confond avec celui du soleil, et si les deux astres ont en outre la même longitude; on dit qu'un astre est en *opposition* avec le soleil, si son cercle de latitude se confond avec celui du soleil, et si les deux astres ont en outre des longitudes qui diffèrent de 180°..

Lorsqu'il s'agit d'une planète inférieure, il est clair qu'elle peut se trouver en conjonction avec le soleil de deux manières. Elle peut être en conjonction et laisser le soleil entre la terre et elle; elle peut aussi être en conjonction en se plaçant entre le soleil et la terre : dans le premier cas, la conjonction est dite *extérieure*, et dans le second cas, *intérieure*. En aucun cas, une planète inférieure ne peut être en opposition avec le soleil.

Lorsqu'il s'agit d'une planète supérieure, il n'y a évidemment qu'une seule conjonction possible et qu'une seule opposition.

ÉLONGATION. — Le phénomène des digressions est le même pour les planètes inférieures que pour les planètes supérieures; mais, quel que soit sur la sphère céleste le mouvement d'une planète inférieure vu de la terre, sa distance angulaire au soleil, qu'on nomme son *élongation*, ne peut pas dépasser une certaine valeur maximum, toujours moindre que 180°, tandis que l'élongation d'une planète supérieure peut varier depuis 0 jusqu'à 180°.

PROPOSITION 6.

THÉORÈME. — *Les digressions d'une planète inférieure peuvent être considérées comme une apparence résultant des mouvements de révolution de cette planète et de la terre autour du soleil.*

Supposons que le plan dans lequel se meut la planète se confonde avec celui de l'écliptique, et admettons que les orbites de la planète et de la terre soient circulaires. Il y a un moment où la planète est en conjonction intérieure avec le soleil : soient alors S, P, T (*fig.* 46), les points qui représentent les positions respectives du soleil, de la planète et de la terre. Les deux astres P et T se dirigent tous les deux dans le sens direct indiqué par la flèche, mais en vertu de la troisième loi de Képler, la vitesse angulaire de la planète doit être plus grande que celle de la terre, puisqu'elle est plus rapprochée du soleil que

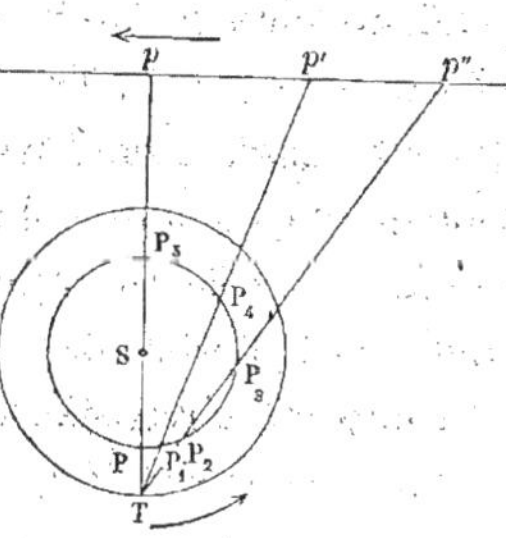

Fig. 46.

la terre ; il en résulte que le mouvement de cette planète, relativement à la terre, est absolument le même que si, la terre restant fixe, la planète se mouvait seule avec l'excès de sa propre vitesse sur celle de la terre. Supposons donc que la terre est immobile au point T, et que la planète progresse sur son orbite de manière à occuper successivement les positions P, P_1, P_2, P_3......

Pendant que la planète parcourt l'arc PP_1 et l'arc P_1P_2, elle nous paraît se déplacer sur la sphère céleste d'une quantité égale à pp' et d'une autre égale à $p'p''$; ce déplacement est évidemment *rétrograde*. Pendant que la planète parcourt l'arc P_2P_3, qui se confond à peu près avec la tangente menée du point T à son orbite, elle semble rester au même point p'' de la sphère céleste ; il y a alors un *temps d'arrêt* dans son mouvement apparent. De même, pendant que la planète décrira sur son orbite l'arc P_3P_4 et l'arc P_4P_5, elle paraîtra sur la sphère céleste, aller de p'' en p' et de p' en p; ce déplacement est *direct*.

Il est clair, d'ailleurs, qu'en décrivant l'autre moitié de son orbite, elle devra présenter de l'autre côté du point p les apparences d'un mouvement analogue, d'abord direct, puis nul, puis rétrograde.

Enfin, comme le soleil apparaît constamment au point p, pendant toute la durée du mouvement, l'élongation de la planète à l'ouest et à l'est ne dépasse pas une certaine limite, qui est l'angle formé par la droite Tp avec chacune des tangentes menées du point T à l'orbite de la planète ; toutefois la valeur de cet angle est légèrement modifiée par l'inclinaison de l'orbite de la planète sur l'écliptique.

Toutes les circonstances du phénomène des digressions d'une planète inférieure peuvent donc être considérées comme une apparence résultant des mouvements de révolution de cette planète et de la terre autour du soleil.

Remarque. C'est un peu avant et un peu après la conjonction intérieure que le mouvement apparent d'une planète inférieure est rétrograde ; c'est un peu avant et un peu après la conjonction extérieure que ce mouvement est direct ; il devient nul entre deux conjonctions consécutives.

PROPOSITION 7.

Théorème. — *Les digressions d'une planète supérieure peuvent être considérées comme une apparence résultant des mouvements de révolution de la terre et de cette planète autour du soleil.*

Supposons encore que le plan dans lequel se meut la planète se confonde avec celui de l'écliptique, et admettons que les orbites de la planète et de la terre soient circulaires. Il y a un moment où la planète est en opposition avec le soleil : soient alors S, T, P (*fig.* 47), les points qui représentent les positions respectives du soleil, de la terre et de la planète. Les deux astres P et T se dirigent tous les deux dans le sens direct indiqué par la flèche ; mais, en vertu de la troisième loi de Képler, la vitesse angulaire de la planète est moins grande que celle de la terre, puisqu'elle est plus éloignée du soleil que la terre ; il en résulte que le mouvement de cette planète, relativement à la terre, est absolument le même que si, la planète restant fixe, la terre se mouvait seule avec l'excès de sa propre vitesse sur celle de la planète. Supposons donc que la planète est immobile au point P et

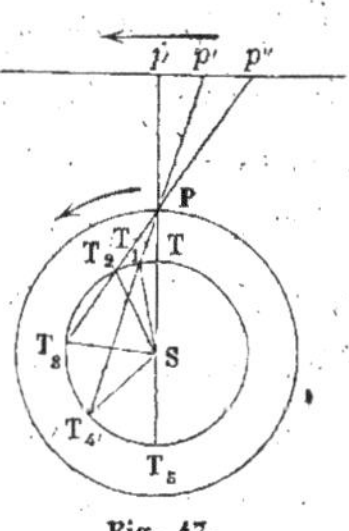

Fig. 47.

que la terre progresse sur son orbite, de manière à occuper successivement les positions $T, T_1, T_2, T_3 \ldots\ldots$

Pendant que la terre parcourt l'arc TT_1 et l'arc T_1T_2, la planète nous paraît se déplacer sur la sphère céleste d'une quantité égale à pp' et d'une autre égale à $p'p''$; ce déplacement est évidemment *rétrograde*. Pendant que la terre parcourt l'arc T_2T_3, qui se confond à peu près avec la tangente menée du point P à son orbite, la planète semble rester au même point p'' de la sphère céleste ; il y a alors un *temps d'arrêt* dans son mouvement apparent. De même, pendant que la terre décrira l'arc T_3T_4 et l'arc T_4T_5, la planète paraîtra sur la sphère céleste aller de p'' en p' et de p' en p ; ce déplacement est *direct*.

Il est clair d'ailleurs que si la terre décrit l'autre moitié de son orbite, la planète devra présenter de l'autre côté du point p les apparences d'un mouvement analogue, d'abord direct, puis nul, puis rétrograde.

Enfin, l'élongation de la planète qui est égale successivement aux angles PT_1S, PT_2S, etc., peut prendre, à l'est comme à l'ouest du soleil, toutes les valeurs possibles depuis 180° jusqu'à 0 ; toutefois ces valeurs limites se trouvent légèrement modifiées par l'inclinaison de l'orbite de la planète sur l'écliptique.

Toutes les circonstances du phénomène des digressions d'une planète supérieure peuvent donc être considérées comme une apparence résultant des mouvements de révolution de la terre et de cette planète autour du soleil.

Remarque. C'est un peu avant et un peu après l'opposition que le mouvement apparent d'une planète supérieure est rétrograde ; c'est un peu avant et un peu après la conjonction que ce mouvement est direct ; il devient nul entre chaque conjonction et l'opposition qui précède ou qui suit.

DÉFINITION.

Révolution synodique. — On appelle *révolution synodique* d'une planète le temps qu'elle met à revenir à la même conjonction avec le soleil. Cette durée peut s'évaluer directement par l'observation de deux conjonctions consécutives ; mais on préfère observer (117, pr. 2) deux conjonctions séparées par un grand nombre de révolutions et diviser l'intervalle de temps par le nombre des révolutions ; l'erreur des observations extrêmes se trouve ainsi divisée par le même nombre.

§ 2. Des satellites.

DÉFINITION.

Satellites. — On donne le nom de *satellites* ou *lunes* à des astres plus petits que les planètes et qui tournent autour d'elles comme celles-ci autour du soleil.

La lune est un satellite de la terre ; tous les autres sont invisibles à l'œil nu.

L'aspect des satellites, vus au télescope, est analogue à celui des planètes et de la lune.

Leurs mouvements de révolution sont assujettis aux lois

de Képler, et se déterminent comme celui de la lune. Chose remarquable ! leur vitesse de révolution est exactement pour tous la même que leur vitesse de rotation ; d'où il résulte, comme on l'a constaté pour la lune, qu'un satellite présente constamment la même face aux habitants de sa planète.

PROPOSITION 1.

PROBLÈME. — *Énumérer les satellites des différentes planètes.*

Mercure, Vénus et Mars n'ont pas de satellites.

La terre en a un, qui a été connu de tout temps : c'est la lune.

Jupiter en a quatre, qu'on nomme, dans l'ordre de leur distance à la planète principale : le premier, le deuxième, etc. Ils ont été découverts par Galilée.

Saturne en a huit, qui ont été découverts par divers astronomes : le sixième par Huygens ; le troisième, le quatrième, le cinquième et le huitième par Dominique Cassini ; le premier et le deuxième par Herschel ; et enfin, le septième, par M. Lassell de Liverpool. En outre, Saturne est entouré d'une espèce d'anneau qui est séparé de lui et tourne autour de lui ; cet anneau, qui a été découvert par Galilée, peut encore compter comme un satellite.

Uranus en a six : le premier, le deuxième, etc. Ils ont tous été découverts par Herschel.

Neptune en a un, qui a été découvert par M. Lassell.

Il y a en tout vingt-un satellites connus, en comptant l'anneau de Saturne.

CHAPITRE II

Monographie des planètes et satellites.

PROPOSITION 1.

Problème. — *Faire la monographie de Mercure.*

Mercure ☿. Cette planète inférieure, la plus rapprochée du soleil, est difficile à distinguer à simple vue dans nos climats, à cause du grand éclat de la lumière solaire dans laquelle elle est presque toujours plongée; cependant on peut quelquefois, avec de bons yeux, la découvrir, le soir, un peu après le coucher du soleil, et, d'autres fois, le matin, avant le lever du soleil.

Son aspect ordinaire, au télescope, est un disque arrondi et uniformément bien éclairé (*pl.* 4, *fig.* 48); on ne peut pas y distinguer positivement ni atmosphère, ni montagnes; cependant Schrœter et Harding ont constaté, en 1801, la formation subite de bandes obscures et considérables sur son disque.

Mercure a un volume dix-sept fois moindre que celui de la terre; mais la chaleur et la lumière qui règnent à sa surface sont sept fois plus intenses que la chaleur et la lumière terrestres; il doit en résulter une température moyenne supérieure à celle de l'eau bouillante; par conséquent, il est probable que ce globe est inhabité.

Son orbite est une ellipse très-allongée, qui est inclinée de 7° sur le plan de l'écliptique; sa révolution sidérale s'effectue en 87 jours 23 heures 15 minutes, et sa rotation en 24 heures 5 minutes, son élongation maximum est de 28° 48'.

Cette planète a des phases, qui s'expliquent comme celles de la lune ; lorsqu'elle est en conjonction intérieure en même temps qu'elle passe à l'un de ses nœuds, on voit alors la planète comme un petit point noir traverser le disque du soleil : ce sont les *passages* de Mercure sur le soleil.

PROPOSITION 2.

PROBLÈME. — *Faire la monographie de Vénus.*

Vénus ♀. Vénus est remarquable dans le ciel par l'éclat et la blancheur de sa lumière ; on l'aperçoit, à certaines époques de l'année, dès que le soleil est couché, et on la nomme vulgairement l'*étoile du soir* ou *Vesper*. Si l'on continue de l'observer quelque temps, on cesse de l'apercevoir le soir ; elle disparaît dans les rayons du soleil et se couche avant que le crépuscule soit assez avancé pour permettre de la voir. Mais, peu de temps après, on la verra briller le matin avant le lever du soleil ; on lui donna le nom d'*étoile du berger* ou de *Lucifer*.

Il a fallu bien du temps pour reconnaître dans l'étoile du soir et l'étoile du berger un seul et même astre ; aujourd'hui que les lunettes permettent de l'observer exactement, même en plein jour, et qu'on peut suivre sa marche comme celle de tous les corps célestes, l'identité des deux astres est mise hors de doute.

Avec le télescope, on distingue clairement à sa surface des montagnes très-élevées, des taches et une atmosphère. Son volume est à peu près celui de la terre ; la chaleur et la lumière y sont à peu près deux fois plus intenses qu'à la surface de la terre ; par conséquent, ce globe est habitable.

L'orbite de cette planète est presque circulaire et n'est inclinée que de 3° 23' 29", sur l'écliptique ; sa révolution sidérale s'effectue en 224 jours 16 heures 49 minutes, et sa rotation en 23 heures 21 minutes. Il en résulte que les saisons de cette planète doivent être très-analogues à celles de la terre ; son élongation maximum est de 48°.

Cette planète a des phases comme la précédente, mais ces phases sont beaucoup mieux caractérisées ; avec un bon télescope, on peut voir très-nettement un croissant, puis un quartier (*pl.* 4, *fig.* 49), puis un disque parfaitement arrondi ; l'explication de ces phases est encore la même que celle des phases de la lune. Lorsqu'elle se trouve en conjonction intérieure en même temps qu'elle passe à l'un de ses nœuds, on voit alors la planète comme un petit point noir passer sur le disque du soleil : ces *passages* durent sept à huit heures.

Les passages de Vénus sur le soleil fournissent le moyen le plus précis qu'on possède de déterminer la parallaxe du soleil; ils sont évidemment périodiques, comme les éclipses, puisqu'ils sont occasionnés par les mouvements de révolution de la terre et de la planète, lesquels sont périodiques ; mais ils sont rares. Il n'y en a que deux par siècle, se succédant toujours à huit ans de distance : le dernier a eu lieu le 3 juin 1769 et les deux premiers qui seront observés, auront lieu le 8 décembre 1874 et le 6 décembre 1882.

PROPOSITION 3.

PROBLÈME. — *Faire la monographie de Mars.*

Mars ♂. Mars est la première des planètes supérieures ; il est visible à l'œil nu et se reconnaît dans le ciel à la teinte rouge dont il est coloré. Vues au télescope, quelques-unes de ses parties sont très-éclairées, tandis que d'autres présentent des taches (*pl.* 4, *fig.* 50) ; ces taches disparaissent d'ailleurs à certaines époques de l'année. On croit que cette planète est entourée d'une atmosphère d'une densité considérable, et on rattache l'apparition des taches à la fonte d'immenses amas

de neige qui se seraient accumulés vers les pôles de la planète pendant la saison des froids. La chaleur et la lumière de
cette planète sont à peu près la moitié de la chaleur et de la
lumière terrestres; rien d'impossible à ce que cette planète
soit habitée.

L'orbite de cette planète est une ellipse très-aplatie, inclinée de 1° 51′ sur le plan de l'écliptique; sa révolution sidérale
s'accomplit en 1 an 321 jours 23 heures 30 minutes, et sa rotation dure 24 heures 36 minutes. Ses phases sont moins sensibles que celles de Vénus, et se présentent, non plus comme
un croissant ou un quartier, mais sous une forme ovale plus
ou moins prononcée. C'est son éloignement du soleil qui
atténue ainsi le phénomène de ses phases, et, pour les autres
planètes supérieures, cet éloignement devient tel que leurs
phases sont complétement insensibles.

L'aplatissement de cette planète, d'après Arago, est certainement supérieur à $\frac{1}{30}$, et son rayon est à peine la moitié de
celui de la terre.

PROPOSITION 4.

Problème. — *Faire la monographie de Jupiter et de ses
satellites.*

Jupiter ♃. Jupiter est une planète supérieure et la plus
grande de tout le système solaire; son rayon est au moins
égale à onze fois celui de la terre. A l'œil nu, cet astre semble
une étoile un peu jaunâtre, très-brillante néanmoins, mais
ayant moins d'éclat que Vénus. Vu à l'aide d'une lunette
ordinaire, il présente un disque un peu elliptique (*pl.* 4,
fig. 52), avec des régions alternativement sombres et brillantes, qui indiquent par leur direction celle de l'équateur
de la planète.

On a découvert sur Jupiter des taches qui mettent environ
dix heures à faire le tour de ce globe; ces taches autorisent à

penser que cette planète tourne autour d'un axe comme Mercure, Vénus et Mars, mais beaucoup plus vite; cette idée se
trouve d'ailleurs confirmée par l'observation de son aplatissement vers les pôles, lequel est à peu près dix-sept fois plus
grand que celui de la terre.

Sa révolution sidérale s'effectue en douze ans, dans une
ellipse très-allongée et inclinée de $1°18'$ sur le plan de l'écliptique.

Satellites de Jupiter. Les quatre satellites de Jupiter
ne sont visibles qu'avec un assez bon télescope; ils se meuvent
dans le sens direct, sur des orbites presque circulaires et à
peu près confondues avec le plan de l'écliptique, ce qui les
fait paraître dans le ciel à peu près en ligne droite. La découverte de ces satellites, qui date de 1610, a été le premier fruit
de l'invention des lunettes. Ces satellites en tournant autour
de leur planète, tantôt s'éclipsent à nos yeux à la manière de
la lune, tantôt nous cachent une petite partie du disque de
Jupiter : ce sont ces éclipses des satellites de Jupiter qui ont
servi à Rœmer pour mesurer la vitesse de la lumière, et voici
comment on peut se rendre compte du procédé suivi par
l'astronome danois.

Le fait des éclipses d'un satellite de Jupiter est un phénomène dont on peut calculer l'heure à une seconde près, comme
s'il s'agissait d'une éclipse de lune. D'après ce calcul, il est
aisé de prédire le moment exact de la première, de la seconde, de la centième éclipse du même satellite; on peut, en
conséquence, après avoir observé aujourd'hui, par exemple,
une éclipse du premier satellite, se proposer d'en observer une
autre à six mois d'intervalle. Or, si l'on attend cette éclipse
à l'heure annoncée par le calcul, on trouve quelquefois que
l'éclipse arrive ponctuellement, mais on trouve aussi quelquefois qu'elle arrive avec un retard ou une avance sur
l'heure prédite ; il y a concordance entre le calcul et l'obser-

vation, lorsque la terre, dans l'intervalle des deux éclipses, va de T_2 en T_4 ou de T_4 en T_2 (*fig.* 51); il y a discordance maximum, lorsque la terre va de T_1 en T_3 ou de T_3 en T_1, dans l'intervalle des deux éclipses; cette discordance est d'ailleurs un retard du phénomène d'environ 15 minutes, si la terre va de T_1 en T_3, et une avance à peu près égale, si elle va de T_3 en T_1. Or, il est remarquable qu'aux deux points T_2 et T_4 la terre se trouve sensiblement à la même distance du lieu où se produisent les immersions du satellite dans le cône d'ombre de Jupiter, tandis qu'aux deux points T_1 et T_3, les distances de la terre au lieu où se pro-

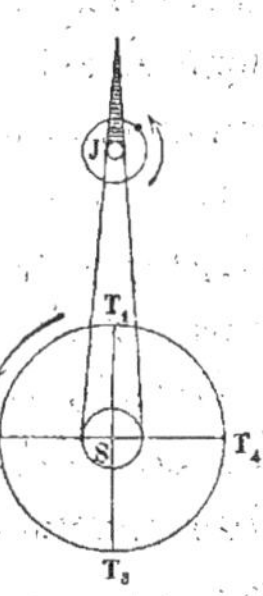

Fig. 51.

duisent les immersions, diffèrent d'une longueur T_1T_3 égale à un diamètre de l'écliptique; par conséquent, le retard ou l'avance du phénomène de l'éclipse sur l'heure indiquée par le calcul ne peut tenir qu'à ce que la lumière met un certain temps pour franchir ce diamètre T_1T_3, et, si l'on divise la longueur de ce diamètre par le retard de 15 minutes, le quotient exprimera la vitesse de la lumière. C'est ainsi que l'astronome Rœmer, en 1675, a trouvé que la lumière parcourt 77000 lieues par seconde.

PROPOSITION 5.

PROBLÈME. — *Faire la monographie de Saturne et de ses satellites.*

Saturne ♄. Saturne est une planète supérieure presque aussi grande, mais beaucoup moins brillante que Jupiter; son rayon est égal à neuf fois celui de la terre et son aplatissement vingt-sept fois plus grand que celui de notre globe. La durée de sa révolution sidérale est de 29 ans 5 mois et

16 jours, et celle de sa rotation de 10 heures 30 minutes; on reconnaît cet astre à sa lumière terne et comme plombée, à son disque très-aplati et sillonné de bandes alternativement sombres et brillantes, presque parallèles à son équateur (*pl. 4, fig.* 55).

On a cherché à expliquer l'existence de ces bandes par l'action de vents permanents qui soufflent à la surface de cette planète; on expliquerait de la même façon les bandes de Jupiter. Mais si l'on songe à la cause générale des vents, il est facile de reconnaître que cette explication est inadmissible, à cause de la grande distance qui sépare ces planètes du soleil. D'ailleurs, si ces bandes tiraient leur origine des différences de température dans les couches de l'atmosphère qui entoure la planète, elles devraient paraître et d'une manière plus sensible encore, à la surface de Mars. Or, l'observation la plus attentive n'en a jamais découvert sur cette planète; on est donc réduit à faire sur ce sujet de simples conjectures.

Satellites et anneau de Saturne. Saturne possède huit satellites qui ne sont pas visibles sans le secours d'une très-bonne lunette et offrent peu d'intérêt au point de vue des applications. Il est en outre entouré d'un anneau mince, plat, sans adhérence avec la planète (*pl.* 4, *fig.* 55). Galilée, qui le vit le premier, le prit pour deux anses mobiles disparaissant pendant quelques mois tous les quinze ans, et cette idée le conduisit à reconnaître distinctement un anneau complet entourant Saturne à peu près dans la direction de son équateur. Cet anneau a été fréquemment observé depuis; il n'est pas continu, mais divisé en deux anneaux concentriques, situés à peu près dans le même plan. Leur séparation est plus voisine du bord extérieur que du bord intérieur.

Des astronomes ont vu quelquefois des traces d'un plus grand nombre de divisions, d'où l'on a cru pouvoir conclure que l'anneau de Saturne se compose de quatre ou cinq anneaux séparés. Mais il n'y a que deux anneaux qui persistent réellement ; l'apparition et la disparition d'anneaux secondaires attestent seulement que cette planète est le théâtre de révolutions matérielles qui ne touchent pas encore à leur fin.

Laplace a découvert par le calcul que ces anneaux, pour se maintenir en équilibre autour de Saturne, doivent être animés d'un mouvement de rotation dans leur propre plan et que cette rotation doit avoir la même durée que celle d'un satellite unique placé dans la moyenne région de l'anneau. A l'aide de très-puissants télescopes et d'observations d'une délicatesse extrême, on a pu s'assurer de la vérité de cette hardie prédiction : les anneaux de Saturne tournent dans le sens direct, autour de leur centre commun de gravité, comme un vrai satellite, dans l'espace de 10 heures 32 minutes.

PROPOSITION 6.

Pʀᴏʙʟèᴍᴇ. — *Faire la monographie d'Uranus.*

Uranus ♅. A simple vue, Uranus paraît être une toute petite étoile, il a été découvert en 1781 par Herschel, qui le prit pour une comète. Cet observateur s'étant occupé de la révision totale du ciel, aperçut cette planète dont le disque est presque circulaire (*pl.* 4, *fig.* 53), errant parmi les étoiles et nettement grossie par son télescope. Lexell et Laplace déterminèrent immédiatement son orbite, sa masse et ses dimensions qui sont très-grandes ; tous les éléments du mouvement de cette planète furent connus avant qu'elle eût achevé sa révolution sidérale, qui dure 84 ans 26 jours.

Satellites d'Uranus. Uranus est accompagné de six satellites, tous invisibles à l'œil nu, tous découverts par Herschel : le deuxième et le quatrième seuls ont pu être observés depuis Herschel avec précision ; ils se meuvent dans des orbites presque circulaires, qui sont perpendiculaires au plan de l'écliptique, et, par une exception qui est unique dans tout le système solaire, le mouvement de ces satellites est rétrograde.

PROPOSITION 7.

Problème. — *Faire la monographie de Neptune.*

Neptune ♆. Telles étaient les planètes connues, quand, le 31 août 1846, M. Leverrier annonça à l'Académie des sciences de Paris, une planète dont l'existence et la position lui étaient démontrées par des résultats de calcul. D'après le savant astronome français, cette planète, trente fois plus éloignée du soleil que la terre, à peu près grosse comme Uranus (*pl.* 4, *fig.* 53), devait se trouver alors dans la constellation du Capricorne et mettre 164 ans 8 mois 16 jours pour accomplir sa révolution sidérale.

M. Leverrier avait à peine communiqué cette découverte aux divers astronomes de l'Europe, que M. Galle, directeur de l'Observatoire de Berlin, lui répondit qu'il avait aperçu Neptune dans l'endroit même qui était désigné pour sa place et où il venait de diriger son télescope.

Satellite de Neptune. Neptune possède un satellite, qui a été découvert par une observation de M. Lassell, un an après la découverte mathématique de Neptune.

DÉFINITIONS.

Étoiles filantes. — Les *étoiles filantes* sont des traînées lumineuses, presque sans épaisseur, qu'on voit briller de temps en temps dans le ciel étoilé.

Bolides. — On appelle *bolides* des globes de feu qui paraissent tout à coup et présentent à l'œil nu un diamètre sensible.

Aérolithes. — On donne le nom d'*aérolithes* à des corps solides, d'un volume plus ou moins considérable, qui sont tombés sur la terre, tantôt isolés, tantôt nombreux, mais qui se ramènent toujours par leur composition chimique à l'un ou à l'autre de deux types différents : les uns contiennent du fer oxydé dans leur masse, les autres n'en contiennent pas.

La chute des aérolithes est quelquefois précédée dans le ciel de l'apparition d'un bolide. Ainsi on a trouvé à Laigle, petite ville de Normandie, plusieurs milliers de pierres de ce genre, et les habitants du pays ont pu assurer que cette pluie de pierres avait été précédée dans l'air par un corps enflammé, qui s'était brisé, avant de toucher notre globe, avec une forte détonation.

PROPOSITION 8.

Problème. — *Quelle origine peut-on vraisemblablement assigner aux aérolithes ?*

L'origine des aérolithes a donné lieu à diverses suppositions.

On a supposé d'abord que les pierres tombées du ciel provenaient de volcans terrestres plus ou moins éloignés ; mais cette hypothèse ne peut pas soutenir la discussion.

On a imaginé ensuite que ces chutes de pierres avaient leur cause dans les volcans de la lune. Nous avons nous-mêmes reconnu que la constitution de la lune est essentiellement volcanique, et que ces volcans peuvent avoir une énergie bien supérieure à celle des volcans terrestres ; enfin, la pesanteur des corps à la surface de la lune est environ six fois moins grande que sur la terre. Il n'est pas impossible, par conséquent, que des pierres lancées par les volcans de la lune puissent franchir la limite d'attraction lunaire, et se diriger vers la surface de notre globe. Dans cette classe d'aérolithes pourraient être rangés tous ceux qui ne contiennent pas de fer oxydé dans leur masse.

Quant aux autres aérolithes, il est vraisemblable qu'ils tirent leur origine de la région des planètes télescopiques. En effet, parmi ces planètes télescopiques, on en a aperçu de si petites que l'on ne doit pas répugner à admettre qu'il en existe de plus petites encore; supposons qu'une d'entre elles, par suite de perturbations dans son mouvement (ces perturbations des petites planètes sont considérables), vienne à entrer dans l'atmosphère de la terre, il est clair qu'elle perdra un peu de sa vitesse, à cause de la résistance de l'air, mais qu'elle pourra finir par tomber sur notre globe. Cela ne pourra pas arriver sans une compression énorme de l'air sur le passage du mobile; de cette compression devra résulter une élévation assez grande de température, une corrosion de la surface du corps, et quelquefois une explosion ou tout au moins une apparition de vive lumière. Si l'on soumet à l'analyse chimique ces pierres tombées du ciel, qu'elles soient les débris d'une planète brisée ou les éléments d'une planète non constituée, elles devront présenter, à peu de chose près, la même composition; c'est précisément ce qu'on a observé pour les aérolithes qui renferment du fer oxydé dans leur masse.

Dans cette hypothèse, les étoiles filantes et les bolides ne seraient que les traces des aérolithes dans l'atmosphère.

Comme on le voit, cette hypothèse représente parfaitement toutes les circonstances qui accompagnent d'habitude chacun de ces météores; elle rend compte de l'identité au point de vue chimique de toute une classe d'aérolithes; elle peut aussi permettre d'expliquer la constance qu'on observe dans la direction de ces météores et la périodicité qu'on a reconnue dans la chute des uns et dans l'apparition des autres; aussi cette hypothèse sur l'origine des aérolithes peut être admise, quoique avec réserve, comme une des plus vraisemblables.

CHAPITRE III

Des marées de l'Océan.

DÉFINITIONS.

Marées. — On donne le nom de *marée* à un flux et reflux qui se produisent continuellement dans les eaux de l'Océan. Ce phénomène, dont les anciens ont donné plusieurs explications inadmissibles, est dû uniquement à l'attraction que la lune et le soleil exercent sur les eaux répandues à la surface de notre planète, conformément au principe de la gravitation universelle. La théorie des marées, telle qu'elle est connue de nos jours, s'offre comme une vérification des plus complètes des trois lois de Képler.

Quand les eaux de la mer s'élèvent en un point, on dit qu'il y a en ce point *marée haute ;* quand elles s'abaissent, on dit qu'il y a *marée basse ;* nous appellerons *marée lunaire* celle qui résulte de l'action de la lune et *marée solaire* celle qui résulte de l'action du soleil.

PROPOSITION 1.

Théorème. — *Il y a marée haute lunaire, en un lieu, quand la lune passe au méridien, et marée basse, quand la lune est à l'horizon de ce lieu.*

Supposons, pour simplifier le raisonnement, que la terre

est entièrement couverte par les mers, et soit T (*fig.* 56) le centre de la terre, L celui de la lune. La lune attire à elle

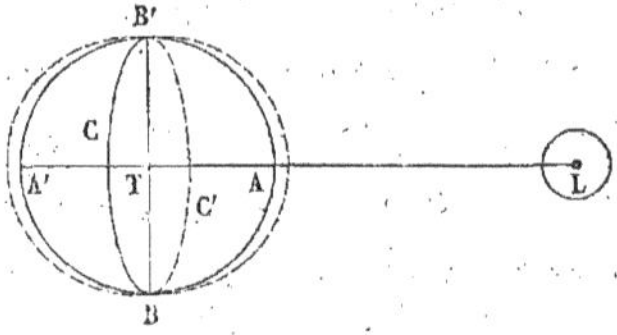

Fig. 56.

chacune des molécules de la terre, en raison inverse du carré de sa distance à la molécule attirée (142); comme le point A est plus rapproché de la lune que le centre de la terre, il sera plus fortement attiré que le point T, et par suite, les parties voisines du point A tendront à tomber vers la lune plus que celles qui avoisinent le centre ; ces parties devront donc, s'il est possible, s'éloigner du centre de la terre. Par la raison inverse, le point A′ sera moins attiré que le point T, et, par suite, les parties voisines du point A′ tendront à tomber vers la lune moins que celles qui avoisinent le centre ; ces parties devront donc, s'il est possible, s'éloigner du centre de la terre. Il y aura donc aux deux points opposés A et A′, et aux points voisins, mais à un degré différent, soulèvement des eaux à la surface de la terre, c'est-à-dire une marée haute.

Il est visible, au contraire, que tous les points du grand cercle BCB′C′ perpendiculaire à la droite TL, se trouve sensiblement à la même distance de la lune que le centre de la terre ; l'attraction de la lune sur les points B, C, B′, C′, sera par conséquent la même que sur le point T ; il n'y aura donc, pour cette raison du moins, aucun mouvement des eaux en ces points de la surface terrestre. Mais en vertu des lois de l'équilibre des liquides, si les eaux de la mer sont soulevées dans certaines régions, elles doivent être abaissées dans d'autres ; c'est pourquoi, il y aura dans tous les points du cercle BCB′C′ abaissement des eaux à la surface de la terre, c'est-à-dire une marée basse.

Donc, il y a marée haute lunaire, en un lieu, quand la

lune passe au méridien, et marée basse, quand la lune est à l'horizon de ce lieu.

Corollaire. — *Dans l'espace d'un jour lunaire, il y a, pour tout pays, deux marées hautes lunaires et deux marées basses se succédant alternativement.* En effet, dès que la marée haute s'est produite en un lieu, avec le passage de la lune au méridien, la mer descend en même temps que la lune, et, six heures environ après la marée haute, la lune étant venue à l'horizon, il y a pour ce même lieu, marée basse; six heures après, nouvelle marée haute, puis, six heures après, nouvelle marée basse, et ainsi de suite; de telle sorte que, dans l'espace d'un jour lunaire, il y a pour tout pays, deux marées hautes lunaires et deux marées basses se succédant alternativement.

PROPOSITION 2.

Théorème. — *Il y a marée haute solaire, en un lieu, quand le soleil passe au méridien, et marée basse, quand le soleil est à l'horizon de ce lieu.*

Corollaire. — *Dans l'espace d'un jour solaire, il y a pour tout pays deux marées hautes solaires et deux marées basses se succédant alternativement.*

Ce théorème et ce corollaire se démontrent de la même manière que les précédents.

Remarque. La marée solaire est toujours moins forte que la marée lunaire, attendu que le soleil est à une distance de la terre 400 fois plus grande que la distance de la lune; l'énormité de cette distance, bien que le soleil soit beaucoup plus gros que la lune, suffit à rendre l'attraction solaire deux fois plus petite que celle de la lune, de telle sorte que la marée solaire, quoique très-sensible pourtant, ne fait jamais qu'augmenter ou diminuer la marée lunaire, suivant qu'elle agit dans le même sens ou en sens contraire.

PROPOSITION 3.

THÉORÈME. — *Les marées sont inégales en intensité : les plus grandes sont celles des syzygies, et les plus petites celles des quadratures.*

L'intensité des marées dépend de plusieurs causes. Premièrement, les marées varient avec la distance de la terre à l'astre qui les occasionne : ces variations ne sont pas considérables ; cependant, toutes choses égales d'ailleurs, elles sont plus fortes, quand l'astre passe à son périgée, et plus faibles, quand il est à son apogée. Secondement, la hauteur des marées dépend de la déclinaison de l'astre ; le calcul a démontré que leur intensité est maximum quand la déclinaison de l'astre est nulle, et qu'elle diminue rapidement à mesure que la déclinaison augmente. Mais c'est surtout à la combinaison des actions de la lune et du soleil que sont dues les plus grandes variations de l'intensité des marées. Or, si l'on se rappelle qu'aux deux époques des syzygies, la lune et le soleil se trouvent en même temps à l'horizon, tandis qu'aux quadratures, l'un est à l'horizon pendant que l'autre passe au méridien, d'une part on reconnaît que dans les syzygies leurs actions s'ajoutent, et, par suite, qu'on doit avoir deux marées dont l'intensité est la somme des effets produits séparément par la lune et par le soleil ; d'autre part, on voit que dans les quadratures, la marée haute lunaire a lieu en même temps que la marée basse solaire et inversement ; par conséquent, la marée qu'on observe alors n'est que la différence des deux marées partielles. Donc, les plus grandes marées sont celles des syzygies, et les plus petites celles des quadratures.

COROLLAIRE. — Parmi les marées d'une année, la plus

forte doit être celle de la pleine lune ou de la nouvelle lune la plus rapprochée de l'équinoxe, surtout si cette pleine lune ou cette nouvelle lune arrive en même temps que la déclinaison de cet astre est nulle et en même temps qu'il passe à son périgée.

Remarque. Ce n'est pas à l'instant même où la lune est nouvelle que se fait sentir la marée haute, parce que le mouvement des eaux met un certain temps à se communiquer d'une onde à une autre : il y a toujours un retard dans la marée, et l'expérience a démontré que la marée des jours de nouvelle lune est celle qui a été produite trente-six heures auparavant par l'action combinée de la lune et du soleil.

L'intensité et l'heure de chaque marée sont du reste un peu changées sur les côtes par la configuration des terrains, par l'établissement du port et par la direction des vents.

PROPOSITION 4.

PROBLÈME. — *Décrire les effets de la marée dans les petites mers.*

Nous avons supposé, dans ce qui précède, que la terre est entièrement couverte par les mers. Mais il n'en est pas ainsi : la mer couvre à peine les $\frac{3}{4}$ du globe, et encore, certaines parties des eaux sont resserrées entre des rivages ou isolées du reste des mers. Aussi n'y a-t-il que la pleine mer où la marée se produise telle que nous l'avons décrite. Quant aux petites mers, le phénomène s'y trouve singulièrement modifié.

Les lacs n'ont pas de marées, parce que la lune passe si rapidement au-dessus de leur surface que l'équilibre des eaux n'a pas le temps de se troubler.

On ne remarque pas de marée dans la Méditerranée, ni dans la Baltique ; c'est que les ouvertures par lesquelles ces deux mers communiquent avec l'Océan sont si étroites qu'elles ne peuvent pas, dans l'intervalle d'une marée haute à la marée haute suivante, recevoir assez d'eau pour que leur niveau soit sensiblement élevé.

Dans la Manche, les marées sont très-sensibles, et, à cause de la disposition particulière des côtes de France et d'Angleterre qui vont en se rapprochant, on y observe des marées extrêmement fortes, qui atteignent jusqu'à 12 mètres d'élévation dans le port de Granville.

Dans la mer des grandes Antilles, les marées ne sont pas plus fortes que dans la pleine mer ; elles ne s'élèvent pas d'un mètre. Mais dans le golfe du Mexique, qui est voisin des Antilles, les eaux sont accumulées d'une manière incessante contre les côtes de l'Amérique et se maintiennent ainsi à plusieurs mètres au-dessus du niveau général des mers ; elles s'écoulent seulement le long de la côte ouest de Cuba, en produisant le long de cette côte un courant, connu des navigateurs sous le nom de *gulf stream*.

QUESTIONS.

Préciser, d'après la première loi de Képler, quelle est la position d'une planète pour laquelle sa vitesse est maximum ou minimum sur son orbite.

Sachant que la terre est à 38 millions de lieues du soleil, calculer, d'après la loi de Bode, la plus petite et la plus grande distance de Vénus à la terre.

Quelle est la longueur du jour pour les habitants de Mercure ? Quelle est celle de leur année, et combien y a-t-il de jours dans leur année ?

Quel aspect doit présenter le monde solaire à l'œil d'un spectateur placé sur le soleil ?

Décrire le phénomène des éclipses de soleil pour un habitant du premier satellite de la planète Jupiter.

Déduire de la troisième loi de Képler la durée de la révolution sidérale de Jupiter, en prenant le nombre 5,202 pour exprimer la distance relative de cette planète au soleil.

La lune et le soleil exercent-ils une action analogue aux marées sur l'atmosphère terrestre ?

LIVRE VI

DES COMÈTES

CHAPITRE PREMIER

Aspect, mouvement et constitution des comètes.

DÉFINITION.

Comètes. — De temps en temps le système solaire est traversé par des corps dont l'aspect est étrange, dont les dimensions sont considérables, et qui, après s'être approchés du soleil, s'en éloignent à des distances immenses, quelquefois pour ne plus revenir. Ces corps sont les *comètes*.

Les comètes ont, comme les planètes, un mouvement propre sur la sphère céleste, ce qui ne permet pas de les confondre avec les étoiles et les nébuleuses. Elles se distinguent d'ailleurs des planètes par leur aspect, par leur mouvement et par la nature de leur constitution propre.

PROPOSITION 1.

Problème. — *Décrire les divers aspects d'une comète.*

Loin du soleil, une comète apparaît comme une nébulosité vague et lumineuse, ronde ou ovale ; la partie centrale porte le nom de *noyau*. A l'œil nu, ce noyau paraît solide; mais, au télescope, ce n'est qu'une nébulosité un peu plus concentrée que le reste et, par suite, un peu plus lumineuse. Telle est la forme de la *fig.* 57, *pl.* 5. Cette forme est d'ailleurs celle que prend naturellement un corps dont les molécules matérielles sont abandonnées à leur attraction mutuelle.

A mesure que la comète approche du soleil, elle augmente d'éclat et change de forme : elle s'allonge dans un sens et prend une *queue*, tantôt droite, tantôt recourbée, toujours gigantesque. Quelquefois cette queue conserve la même dimension dans toute son étendue (*pl.* 5, *fig.* 58); d'autres fois, elle se développe en s'élargissant comme un éventail (*pl.* 5, *fig.* 59); de temps en temps enfin, elle se divise en plusieurs queues distinctes (*pl.* 5, *fig.* 60). Dans tous les cas, la queue est toujours tournée dans la direction opposée au soleil; si la comète s'approche de cet astre, la queue suit la comète; si elle s'en éloigne, la queue précède la comète. Cette partie de la comète n'est d'ailleurs jamais très-nette; la lumière va en s'y dégradant successivement jusqu'aux dernières extrémités, où elle finit par être complétement nulle. Peut-être cette queue se continue-t-elle encore bien loin en demeurant invisible; pourtant la partie visible a déjà une longueur prodigieuse, qu'on a estimée quelquefois de 20 à 40 millions de lieues.

L'autre partie de la comète est la *tête*; c'est la partie qui reste toujours la plus voisine du soleil et qu'on distingue le mieux. Il peut arriver que la tête présente des aigrettes analogues à celles de la partie opposée : ces aigrettes que les anciens nommaient la *barbe* de la comète, ne se montrent pas toujours; il ne faut pas les confondre d'ailleurs avec la *chevelure* qui existe d'une manière permanente dans les comètes et qui en entoure le noyau.

PROPOSITION 2.

Problème. — *Déterminer le mouvement d'une comète.*

Le mouvement d'une comète se détermine comme celui d'une planète (138, Pr. 1 et 2), et, si l'on rapporte ce mouvement au soleil comme centre, on trouve que ces astres se meuvent tous autour du soleil, en obéissant aux lois de Képler. Mais leurs orbites, au lieu d'être presque circulaires comme celles des planètes, sont toujours des ellipses très-allongées ; au lieu d'être couchées ou presque couchées sur le plan de l'écliptique, elles sont le plus souvent dans un plan fortement incliné sur le plan de l'écliptique ; quelquefois ces deux plans se coupent à angle droit. Enfin, tandis que le mouvement des planètes s'effectue pour toutes dans le sens direct, il arrive que sur deux cents comètes, la moitié va dans le sens direct et les autres dans le sens rétrograde.

Pour se rendre compte exactement de la marche d'une comète, on tracera plusieurs cercles concentriques représentant les orbites des planètes dans le plan de l'écliptique (*pl.* 5, *fig.* 61), puis une autre ligne en dehors de l'écliptique, telle que la courbe GDACEKBFH ; cette courbe, qui est un arc d'ellipse très-allongée et non située dans le plan de l'écliptique, perce ce plan en deux points A et B ; les deux branches ADG et BFH sont d'un même côté et la partie ACEKB de l'autre. L'astre s'avance vers le soleil sur la branche ADG, puis il parcourt la partie ACEKB voisine du périhélie, et enfin, se retire sur la branche BFH ; sa vitesse d'ailleurs est d'autant plus variable que son orbite est plus excentrique. Cette vitesse augmente, lorsque l'astre s'approche du soleil, au point d'égaler deux ou trois cent mille lieues par heure ; elle diminue, lorsque l'astre s'éloigne du soleil au point d'être de quelques mètres seulement à la seconde.

Dès qu'une comète a franchi sur son orbite la distance des grandes planètes, elle cesse d'être visible et disparaît à nos yeux, comme si elle n'existait plus; l'arc qu'elle décrit dans le voisinage du périhélie est donc la seule partie de son orbite qu'il importe de déterminer exactement. Or, cet arc appartenant à une ellipse excessivement allongée, peut être assimilé dans toute son étendue à un arc de parabole ; de cette manière, cinq éléments, obtenus au moyen de trois observations de la comète, suffiront à remplacer les six éléments elliptiques nécessaires à la complète détermination de son mouvement.

PROPOSITION 3.

Problème. — *Dire quelle est la nature de la constitution des comètes.*

Nous avons reconnu que les planètes sont des globes opaques, plus ou moins sphériques, dont la terre peut donner une idée assez exacte. Mais il est difficile de trouver un terme de comparaison pour la constitution des comètes.

La matière dont sont formées les comètes se trouve disséminée dans un espace immense et à un point étonnant, car l'épaisseur des comètes qui dépasse bien souvent celle du soleil, n'arrête point les rayons lumineux venant des étoiles ; on peut distinguer au travers du noyau d'une comète une étoile placée derrière lui, et jamais on ne remarque la plus petite trace de réfraction des rayons lumineux.

Le corps des comètes n'est donc ni solide, ni liquide, ni gazeux : leur substance est un fluide plus léger que la fumée, que les nuages, qui ne peut se comparer qu'à la matière diffuse dont sont composées les nébuleuses. Tel est le degré de raréfaction du fluide cométaire qu'on peut affirmer, dans l'hypothèse très-peu probable de la rencontre d'une comète avec notre globe, que la marche de la terre n'en serait pas plus troublée que celle d'une balle de fusil par une toile d'araignée.

Néanmoins les comètes ne sont pas de simples apparences ; elles réfléchissent la lumière du soleil, elles obéissent aux lois de la gravitation universelle, et, si l'on tient compte de l'extrême petitesse de leur masse dans leurs réactions sur les planètes, on trouve qu'elles se comportent absolument comme les autres corps célestes.

DÉFINITION.

Comètes périodiques. — Il y a des comètes qui, après avoir paru et disparu, reviennent, puis disparaissent et reviennent encore ; on les reconnaît à l'identité de leur masse et à celle des éléments elliptiques de l'orbite qu'elles décrivent : ces comètes sont appelées *périodiques*.

PROPOSITION 4.

Problème. — *Citer les comètes périodiques les plus célèbres.*

Comète de Halley. — C'est en comparant les éléments du mouvement elliptique de diverses comètes que Halley, astronome anglais, découvrit en 1682 qu'ils appartiennent à la même comète, reparaissant tous les soixante-quinze ans. Cette comète périodique a reparu en 1759 et en 1834, avec quelque retard ; son mouvement est rétrograde, et elle est connue sous le nom de comète de Halley.

Comète d'Encke. — La comète d'Encke, ainsi nommée parce que ce professeur en a le premier calculé les retours, a été découverte en 1818 par Pons, de Marseille. Elle se meut dans le sens direct, sans sortir de l'orbite de Jupiter, et revient tous les trois ans $\frac{1}{4}$; mais son orbite se rétrécit chaque année, et il est possible que cette comète à courte période finisse par tomber sur le soleil, à moins qu'elle ne se dissipe d'elle-même, comme le donne à penser le décroissement progressif de son éclat.

Comète de Gambart. — Cette comète, dont Gambart a le premier publié le calcul des retours, a été découverte en 1826 par Biéla, officier autrichien ; elle marche dans le sens direct et revient tous les six ans $\frac{3}{4}$. Lorsqu'elle parut en 1845, elle s'était dédoublée, il y avait deux comètes, au lieu d'une, cheminant côte à côte sur la même orbite ; puis l'une d'elles diminua d'éclat, comme si la matière en était absorbée par l'autre, et disparut. A son retour de 1852, cette comète s'est montrée avec le même aspect ; son dédoublement avait persisté et la distance des deux noyaux avait augmenté. Cette comète offre cette particularité remarquable que son orbite coupe celle de la terre ; il pourrait donc y avoir rencontre de cette comète avec notre globe. C'est ce qui serait arrivé en 1832, si la terre s'était trouvée, un mois plus tard, au nœud de cette comète ; mais lorsque la comète a passé à ce nœud, la terre en était déjà loin, et, depuis cette époque, chaque année amène dans le mouvement de cette comète des perturbations qui rendent de moins en moins probable une pareille rencontre.

Comète de Faye. — Cette comète a été découverte en 1843 par M. Faye, de l'Observatoire de Paris, qui en a aussi le premier calculé les retours. La marche de cette comète est directe et sa révolution complète de sept ans $\frac{1}{4}$; elle a déjà reparu deux fois depuis sa découverte.

Il y a encore d'autres comètes dont les retours ont été calculés, mais non pas observés ; la *fig.* 62, *pl.* 5, donne une idée de la grandeur et de la forme des projections sur l'écliptique des orbites que décrivent les quatre comètes périodiques, dont les retours, après avoir été prédits par le soleil, ont été constatés par l'observation.

CHAPITRE II

Constitution générale de l'univers.

PROPOSITION 1.

PROBLÈME. — *Décrire d'une manière générale la constitution de l'univers.*

L'univers, tel qu'il s'est révélé à nous dans les chapitres précédents, est formé de trois mondes : le monde solaire, que nous habitons, le monde des étoiles et nébuleuses, le monde des comètes.

Le monde solaire se compose principalement d'un globe central, lumineux par lui-même, et de huit globes plus petits, qui lui empruntent leur éclat et circulent autour de lui avec des vitesses différentes : le globe central est le soleil ; les autres, parmi lesquels se trouve la terre, sont les planètes. Chacune des plus grosses planètes est elle-même environnée de globes plus petits qu'elle, qui circulent autour d'elle et la suivent dans son mouvement de révolution autour du soleil ; nous avons nommé ces globes les satellites : la lune est le satellite de la terre. Pendant que les satellites circulent autour du soleil, tous ces globes, sans exception, tournent sur eux-mêmes ; le soleil lui-même paraît animé d'un semblable mouvement, que nous avons qualifié de rotation. Les mouvements de rotation sont tous uniformes ; tous les mouvements de révolution sont presque circulaires ; enfin, ces mouvements quels qu'ils soient s'exécutent dans le même sens et dans des plans qui se confondent à peu près avec le plan de l'écliptique ; si l'on excepte seulement deux des satellites d'Uranus, dont le mouvement est rétrograde et dont les orbites sont presque perpendiculaires au plan de l'écliptique, la *fig.* 63, *pl.* 6, représente un tableau presque fidèle du monde solaire.

En dehors et bien loin du monde solaire, l'espace est peuplé d'une foule innombrable d'autres corps, brillant comme le soleil de leur propre lumière et comparables à cet astre pour les dimensions ; c'est le monde des étoiles. Les étoiles sont disséminées autour de nous dans toutes les directions, et, loin de se mouvoir continuellement à la façon des planètes, elles restent constamment à la même place ; elles sont fixes, ou, si quelques-unes se déplacent réellement, elles le font en apparence avec une lenteur telle que ce mouvement est presque imperceptible et qu'on a mis des siècles à le constater. Peut-être chaque étoile est-elle le centre d'un monde analogue au nôtre et en voie de formation ou de décrépitude ; mais les distances qui nous en séparent sont tellement grandes que ces mondes, s'ils existent, sont destinés à nous demeurer inconnus. Les étoiles cependant ne sont pas tout à fait jetées au hasard dans le ciel ; elles forment des groupes que nous avons nommés nébuleuses ; le soleil lui-même, avec tous les corps du système solaire, n'est qu'une étoile perdue au milieu d'une immense nébuleuse de ce genre. Enfin, nous avons reconnu qu'il y a un certain nombre de nébuleuses dont la constitution est toute différente des amas d'étoiles : la substance dont ces nébuleuses sont formées est une matière continue, très-diffuse et pourtant lumineuse, qui présente des points de condensation, comme autant de foyers naturels pour la formation des étoiles ; leurs dimensions sont énormes, et la profusion avec laquelle elles sont répandues dans l'espace est inouïe ; malgré cela, les distances qui les séparent les unes des autres sont au moins aussi grandes que celles qui nous séparent des étoiles.

De temps en temps, enfin, le monde solaire est traversé par des astres d'un aspect étrange, d'une taille gigantesque, d'une masse presque nulle, qui, après avoir circulé autour du soleil, s'en éloignent sur des ellipses très-allongées à des distances immenses : ces corps sont les comètes. Les mouvements de révolution de ces corps sont, les uns directs, les autres rétrogrades, et, chose bizarre ! le plan de leurs orbites affecte toute espèce d'inclinaison sur l'écliptique.

En résumé, l'univers présente d'un côté le monde solaire dont nous habitons une planète, de l'autre, le monde des étoiles et nébuleuses qui échappe par sa distance à presque toutes nos recherches, et enfin, les comètes qui viennent se faire voir à notre monde avant d'aller se perdre dans celui des étoiles.

PROPOSITION 2.

Problème. — *Quelle origine peut-on assigner à la constitution actuelle du monde solaire ?*

Buffon est le premier qui, depuis la découverte du vrai système du monde, ait essayé de remonter à l'origine de la constitution des planètes et de leurs satellites. Il suppose qu'une comète, en tombant sur le soleil, en a chassé un torrent de matière, qui s'est réunie au loin en formant divers globes plus ou moins gros et plus ou moins éloignés de cet astre : ces globes, devenus par leur refroidissement opaques et solides, sont les planètes et les satellites. Cette hypothèse suffit parfaitement à expliquer comment il se fait que toutes les planètes se meuvent dans le même sens et à peu près dans le même plan ; mais les autres circonstances que nous avons reconnues dans le mouvement des corps du système solaire ne sont pas toutes une conséquence nécessaire de cette hypothèse ; plusieurs d'entre elles, comme le peu d'excentricité des orbites planétaires et la grande excentricité de celles des comètes, sont même inexplicables dans l'hypothèse de Buffon.

Laplace, dans son *Exposition du système du monde*, attribue aux mouvements du système planétaire une cause tout autre, qui satisfait pleinement aux conditions de ces mouvements, et qu'il a trouvée en suivant les idées d'Herschel sur la condensation de la matière des nébuleuses. L'illustre géomètre suppose que le soleil était primitivement une nébuleuse globulaire, ayant un centre de condensation et entourée d'une immense nébulosité en forme d'atmosphère ; cette nébuleuse, d'ailleurs, était animée d'un mouvement de rotation autour d'un axe passant par son centre, mouvement qui devait être beaucoup moins rapide que son mouvement actuel. Or, à mesure que le refroidissement a resserré cette atmosphère et condensé à la surface de l'astre les molécules qui en sont voisines, la vitesse de rotation a dû augmenter ; de cette augmentation de vitesse a dû résulter un déplacement de la matière vers les régions voisines de l'équateur solaire, et, dans l'équateur même, une division de cette matière en plusieurs anneaux concentriques. La masse centrale a produit le soleil, et les anneaux concentriques, en se condensant irrégulièrement autour de quelques-uns de leurs points, ont donné naissance aux planètes.

Autour des planètes elles-mêmes se sont formés les satellites en passant par la forme annulaire, comme les planètes s'étaient formées autour du soleil : l'un d'eux subsiste encore aujourd'hui sous sa forme d'anneau autour de Saturne, ce qui implique une grande régularité dans la condensation progressive des diverses molécules de ce satellite.

Les petites planètes ne sont que les divisions d'un anneau dont la condensation s'est faite en un très-grand nombre de points, sans qu'aucune d'elles ait été assez puissante pour réunir successivement par son attraction toutes les autres autour de son centre.

La réunion de toutes les planètes et des satellites dans le plan de l'écliptique, le peu d'excentricité de leurs orbites, l'identité du sens de leurs mouvements de révolution et de rotation avec celui de la rotation du soleil, la distribution régulière de l'anneau de Saturne autour de son centre et dans le plan de son équateur, la forme d'ellipsoïde aplati, que nous avons reconnue à la terre et à d'autres de ces astres, la présence de leur atmosphère et les irrégularités de leurs surfaces, s'expliquent parfaitement dans l'hypothèse de Laplace.

Les comètes, enfin, devraient être regardées comme des nébuleuses, qui errent dans l'espace de système en système solaire ; lorsqu'elles pénètrent dans la partie de l'espace où l'attraction du soleil est prédominante, elles se trouvent nécessairement déformées par l'influence de cette attraction et forcées de décrire une ellipse très-allongée ; mais, leurs vitesses étant également possibles dans toutes les directions, elles doivent se mouvoir indifféremment dans les deux sens et sous toutes les inclinaisons à l'écliptique, comme l'observation l'a démontré.

Cette hypothèse de Laplace sur l'origine de la constitution actuelle du système solaire, aussi belle par sa simplicité que par la rigueur de ses conséquences, semble destinée à nous révéler les mystères des premiers âges du monde, car un habile physicien belge, M. Platteau, a réussi plusieurs fois déjà une magnifique expérience simulant la formation du système solaire, telle qu'elle est décrite avec tant de génie par le géomètre français.

QUESTIONS.

Que deviennent les comètes non périodiques en s'éloignant du soleil?

Comment peut-on distinguer d'une manière certaine une comète d'avec les autres astres?

Décrire l'aspect que devrait présenter le monde solaire à un spectateur placé sur la comète de Faye.

TABLE DES MATIERES

FIN DE LA TABLE.

Corbeil, typ. et stér. de Crété.